# 做独立睿智的优雅女人

*Zuoduli Ruizhide Youya Nüren*

苏琴◎著

时代出版传媒股份有限公司
北京时代华文书局

**图书在版编目（CIP）数据**

做独立睿智的优雅女人 / 苏琴著 . — 北京 : 北京时代华文书局 , 2015.4
ISBN 978-7-5699-0074-3

Ⅰ . ①做… Ⅱ . ①苏… Ⅲ . ①女性－成功心理－通俗读物 Ⅳ . ① B848.4-49

中国版本图书馆 CIP 数据核字 (2015) 第 078704 号

**做独立睿智的优雅女人**

著　　者 | 苏　琴

出 版 人 | 田海明　朱智润
责任编辑 | 林少波
装帧设计 | 林自伟
责任印制 | 訾　敬

出版发行 | 时代出版传媒股份有限公司 http://www.press-mart.com
北京时代华文书局 http://www.bjsdsj.com.cn
北京市东城区安定门外大街 136 号皇城国际大厦 A 座 8 楼
邮编：100011　电话：010-64267955　64267677
印　　刷 | 北京建泰印刷有限公司　010-89580799
（如发现印装质量问题，请与印刷厂联系调换）
开　　本 | 710×1000mm　1/16
印　　张 | 16.5
字　　数 | 210 千字
版　　次 | 2015 年 6 月第 1 版　　2015 年 6 月第 1 次印刷
书　　号 | ISBN 978-7-5699-0074-3
定　　价 | 35.00 元

# 前言

PREFACE

成功学大师戴尔·卡耐基说过："一个人的成功，约有15%取决于专业知识，85%取决于处理人际关系的能力。"这句话充分说明一个道理：一个人纵然才华出众，如果缺少了必要的人际关系，也不可能成功。人际关系的处理能力，着重表现为"会来事"。当下社会，做女人难，做一个成功的女人则更难。所以，女人务必要牢记：在当下这个社会，要想成功，除了会做事还要会来事。

"会做事"与"会来事"，虽然只有一字之差，但却会导致两种截然不同的命运。只会默默做事的女人认为，在公司里只要踏踏实实苦干就行了，业绩领导一定会看在眼里，不会亏待自己；既会做事又会来事的女人则认为光做好事还不行，还要处理好与别人的关系，恰当地表现自己的才华，这样才能受人欢迎，才能被领导重视。

会来事的女人处事灵活，在人际交往中游刃有余。有一句话说得好："水流不腐，人活不输。"作为女人要学会圆滑、变通，要学会察言观色、看人行事，如此才能适应复杂的社会。当然，圆滑、变通，不是老谋深算、虚假做作，而是当圆则圆，灵活变通，会充分利用一切资源，事半功倍地做事情。

会来事的女人往往能找到自己生命中的贵人。一个女人要出人头地，活出自我的价值，就一定要学会融在世俗中，突破人脉的局限，扩大自己的交际圈。如果只凭一己之力，纵然再有本事，也只能像泥鳅那样在烂泥中翻腾，自身的才华和能力，将难以得到充分的发挥。

会来事的女人在与别人交往的过程中，善于捕捉别人的弦外之音。一个人的言辞，能透露他的内心、品格、地位、性格、情绪。当一个人对别人不满或持有敌意时，他说话的语速会变得迟缓。一个人一边说话，一边接电话、看手表，表明他有急事。这时候，你最好不要和他说话，打扰他办事。不会察言观色的女人，就像不知风向便去扬帆远航的水手，弄不好就会在风浪中翻了船。

会来事的女人一定是一个经济独立的女人。女人一定要有一份自己喜欢的工作。不仅仅是将其当做一项谋生的途径，更要把它当成一份事业，在这份工作中获得的不仅是金钱，还有实现人生价值的满足感。经济独立，女人才能活出真正的优雅。

会来事的女人善于处理人与人之间的关系，审时度势，采取最恰当的方式给人以帮助，使人开心快乐。会来事的女人不是凡事只想着自己，而是时刻关注着别人有何不便和需求；会来事的女人头脑灵活，很有“眼力见儿”，善于从最微小的事情上发现问题，总能在大家最需要的时候作出最恰当的反应，并付诸实行。会来事是一种润滑剂，它能使尴尬化为自然，麻木融为生动，对立转为平和。

本书通过大量贴近生活的事例，针对不同的场合，从与同事说话办事，和朋友交往，与上司共事，与爱人相处等方面，让女人学会必备的说话办事技巧，帮女人打开交际圈，成为处处受人欢迎的女人……

# 目录
CONTENTS

## 第一章 世事复杂，做女人不要太老实

古人说得好：“人善被人欺，马善被人骑。”在这个年代，“老实”一词很难说是褒义词。很多时候，事情是你做的，好处却是别人的。原本是个机会，因为你老实，你没勇气抓住；原本是你的功劳，因为你老实，你不敢争取。如此循环往复，永远难有出头之日。



## 第二章 别总想着做居家女人，活出价值才更自信

独立、自信的女人就像一道亮丽的风景，让男人佩服，让男人欣赏。因为独立、自信的女人可以活出个性，可以释放洒脱，可以散发性感，可以尽情地展现自己的美。殊不知，这些“天然去雕饰”的美，正是那些依赖成性的女人们所不具备的。

## 第三章　女人会做事，还要会来事

“会做事”与“会来事”虽然只有一字之差，但却关系着两种截然不同的命运。一个聪明的女人，必定是“会来事”的高手。她知道什么时候该退让，什么时候该表现。既不锋芒毕露，又不泯然众人；既不字字虚言，又不全抛一片心。她会利用社会上现实存在的人之常情，在最不利的情势下，达到最圆满的效果。



## 第四章　为工作而生活，女人因事业而美丽

在一个极为传统的家庭内部，女人往往扮演着诸如此类的角色：好妈妈、好妻子、称职的厨师、敬业的清洁工……难道这就是女人们的宿命吗？不，女人一定别让男人小觑了自己。无论你是富是贫，都应该有一份工作，有一份事业。你完全可以骄傲地享受工作，以强者的姿态和男人共担责任、共担风雨，

成为打不倒的“半边天”。



## 第五章 聪明女人不依赖人，但懂得利用人

好莱坞流行一句话：“一个人能否成功，不在于你知道什么，而在于你认识谁。”这不是一个靠单枪匹马就可以打天下的时代，一个女人再有能耐，力量也是渺小的，就如同大海中的一滴水，难以掀起万重浪。有句话说得好：“有人脉成功就像坐电梯，没人脉成功就像爬楼梯。”只有善于结交人脉、借助别人的力量，才能最快到达目的地。



## 第六章 察言观色，做女人要有洞悉人心的本事

为人处世的智慧在于明察秋毫、洞悉人心，即通过别人一个不经意的小动作，看穿他的内心动向和真实意图，然后审时度势、对症下药，最后打动别

人，让别人对你产生好感，或让别人心甘情愿地帮助你。这里面，充满了读心与攻心的技巧和方法。



## 第七章 通晓人际规则，让女人博万千宠爱于一身

你想走到哪里都受人欢迎吗？你想博万千宠爱于一身吗？如果想，那就从现在开始，通晓人际关系潜规则，学会与人相处的艺术吧！不要锋芒太露，不要咄咄逼人，不要显得比别人更聪明，不要为了面子打肿脸充胖子，而要学会示弱，学会给别人台阶下，适时地照顾别人的感受。



## 第八章 会说话的女人最强大：聪明女人最想要的说话技巧

语言是人与人之间沟通的纽带，纽带质量的好坏，直接关系到沟通的效果。对女人而言，优秀的口才、有技巧地说话，不仅影响着人际关系和事业发

展，还关系到恋爱、婚姻家庭生活的品质。女人会说话，才能在职场上、在朋友圈子中八面玲珑，才能在情场上魅力四射，在婚姻生活里如鱼得水。



## 第九章 女人一定要有钱，有财力的女人才能活出优雅

俗话说：“靠山山会倒，靠人人会跑，靠自己最好。”尤其是对女人而言，只有经济上独立了，口袋鼓起来了，你才会获得心理上的安宁，才有资格谈尊严、谈人格、谈人生、谈幸福。男人的花言巧语只能哄你开心一时，你口袋里的钱却能让你的内心踏实一世。



## 第十章 时尚与心计让女人性感与智慧并存

性感的女人让男人停下，智慧的女人让男人留下。不要只想着做绣花枕头一般的女人，要做就做一个有内涵、有心计、有智慧的女人。女人因智慧而变

得美丽、显得性感，智慧是女人一生的追求。当然，如果你既有智慧，又懂时尚，把自己打扮成一个性感的女人，让自己兼具性感和智慧，那么你就是具有独特魅力的女人。



## 第十一章　善用你的红颜资本，学会占有男人的心

每个女人都想在男人的内心占据不可动摇的位置。然而，要想占据男人的心，却是一门有难度的技术活。这要求女人保持持久的吸引力，像磁铁一样把男人控制在磁场范围之内，用甜言蜜语滋润男人的心，用含羞带笑牵动男人的情，用若即若离激发男人对你的兴趣，成为一个调配爱情的高手，成为一个魅力与智慧兼具的女人。

# 第一章 世事复杂，做女人不要太老实

古人说得好：“人善被人欺，马善被人骑。”在这个年代，“老实”一词很难说是褒义词。很多时候，事情是你做的，好处却是别人的。原本是个机会，因为你老实，你没勇气抓住；原本是你的功劳，因为你老实，你不敢争取。如此循环往复，永远难有出头之日。

## 1 老实人吃亏，老实女人更吃亏

古人说得好：“人善被人欺，马善被人骑。”在这个年代，“老实”一词很难说是褒义词，当别人说你老实时，表面上是夸你踏实肯干，也许实际上在骂你是个“大笨蛋”。因为事情都是你做的，好处却是别人的。原本是个机会，因为你老实，你会没勇气抓住；原本是你的功劳，因为你老实，你不敢争取。就这样，你任劳任怨地干、一忍再忍，傻傻地以为你的付出别人看得见，天真地以为好人有好报，可结果呢？

在工作中，李川不爱计较，不爱张扬，领导分配的工作他都会默默地去做。就算明知道领导安排工作不合理，就算自己忙不过来，他也笑呵呵地接受。如果李川工作做得好，领导会在老板面前说那是他的功劳；如果李川没做好，老板追究责任，领导就会把责任推到李川身上。李川为此吃过不少亏，但每次都打掉牙往肚里吞。为什么呢？因为他老实，觉得领导平时对自己有一些小恩小惠，比如，给他一些茶叶、几包香烟、夸他工作踏实，等等。

不过，李川也有感到不爽的时候，尤其是看不惯公司有些人偷懒，不把心思放在工作上，而是经常溜须拍马。李川不会这么做，他除了埋头苦干之外，还是埋头苦干。为此，他老婆没少抱怨，但是李川总是说：“付出总有回报，总有一天会得到重用。”

老实的李川踏踏实实地干活，最后却吃了很多哑巴亏。如果你也单纯地以为付出一定有回报，于是默默无闻地工作，那你就大错特错了。作为男人，李川被小领导忽悠了，作为女人的你，是否也该引起警惕呢？要知道，老实人吃亏，老实女人就更吃亏了，而且有时候亏的不只是金钱，还可能是最宝贵的青春年华和一辈子的幸福。

海涵在北京工作时，结交了男朋友，并同居在一起。两人就这样同居，男朋友从不提结婚的事情，他总是对海涵说：“我要多赚些钱，等我有钱了再结婚，你就不用受苦受累了，到时候你就在家带孩子。”后来，男朋友的钱包鼓了，但对她也渐渐冷淡了。海涵发现男朋友经常夜不归宿，经过暗中了解，她发现男朋友和另外几个女人有染，甚至还和另一个女人在外面同居了很久。

这还了得？海涵非常气愤，找到那个女的，大骂她是不要脸的小三。那个女的却理直气壮地说：“找我干什么，你看不住老公，你老公爱和我过，关我什么事？”

听了这话，海涵又气愤地骂男朋友：“你真没良心啊，明明和我生活，为什么还在外面鬼混？”没想到男朋友居然说：“我又没有和你结婚，我凭什么不能有新的女朋友，你管得着吗？”

海涵听了这话，心都碎了。就这样，她和男朋友分手了，但是这时她发现自己怀孕了……

作为女人，如果太过老实，天真单纯，轻易相信男人的花言巧语，相信男人的承诺会兑现，那就太傻了。海涵就是典型的倒霉女人，生活中，这样的女人并不少。为什么她们会吃亏上当，落得个狼狈下场呢？原因就是她们太老实，太单纯，没有心机，没有防人之心，轻易地把自己交给男人。

当然，老实的女人吃亏不仅局限于爱情婚姻方面，在人际交往、职场工作等方面，一样会吃亏上当。比如，胆小怕事，安分守己，别人得罪了自己，也不敢反抗；对于别人的一点小恩惠，都会记在心里。这种人在单位里往往是最好的被欺压对象。

老实的女人在群体中不受重视，没有什么影响力，也很难出类拔萃。有机会却没有勇气去把握，有能力却不敢表现，有功劳却不敢争取；老实的女人不懂得运用技巧和手腕，在处理人际关系上不够圆融，不容易成为一个受人欢迎的人；在利益分配方面，老实人往往处于任人宰割的地位，别人吃肉她喝汤，有时甚至连汤都没得喝。

老实人吃亏之后，往往会用“吃亏是福”来安慰自己。如此循环往复，永远难有出头之日。总而言之，老实人吃亏，老实女人更吃亏。如果你不想永远成为吃亏、被耍、上当的女人，那就从这一刻开始和“老实”说“bye bye”吧！

## 2 老实的女人太单纯，常被人耍得团团转

有这样一句话，最能形容一个人的愚蠢：“被人卖了还在替别人数钱。”试想一下，当一个人被人卖了时，还在乐呵呵地替人家数钱时，这是多么可悲的场景。然而，老实女人就是这样的女人，因为太过单纯，没有心机，不懂得明辨是非，经常被人耍得团团转。

在某长途汽车上，有个看上去憨傻的男乘客喝完饮料，发现瓶盖上有中奖的字样，于是兴奋地大笑。旁边有两个乘客就问那个“傻男”中了什么奖，那人对照瓶体上的中奖活动说明，才发现中奖金额高到1万元。于是，旁人惊呼“真是傻人有傻福”。

只见“傻男”挠了挠头，有些为难地说：“我不知道去哪儿兑奖，谁知道？告诉我吧！”这时有个人道貌岸然地主持公道：“你不知道去哪儿兑奖，要不你把这个瓶盖给我，我给你一些钱，行吗？”

给多少钱呢？“傻子”想了一下，说：“给我500元钱吧，有500元我就知足了。”此时，车厢里的某些乘客已经蠢蠢欲动了，那个主持公道的人说：“不是吧，我身上没有那么多钱，谁有钱啊，谁买下这个瓶盖，再去兑奖，多值啊！”

车厢里的小梅心想，花500元钱就能兑奖1万元，这买卖太合算了。于是她表示愿意给那个“傻男”500元，给完钱小梅还连声道谢，仿佛真的捡到了大便宜似的。结果呢？小梅下车之后，才发现这是个骗局，1万元奖金是假的，她气愤地大骂骗子没良心。

谈到骗子，人们总是恨之入骨。生活中，骗子利用人的单纯和贪欲心理总是屡屡得逞。骗子骗走了我们的辛苦钱固然可恨，可是我们单纯地以为天上会掉馅饼，结果被人耍得团团转才叫可悲。为什么骗子骗的是你，而不是别人呢？因为你太单纯了。女人最怕太单纯，单纯的女人容易轻信别人，没有分辨是非的能力。这是非常可悲、可怕的事情。

除了骗子骗人钱财，生活中，还有很多种欺骗，不用想，倒霉的还是老实人。老实人听到老板一句“满一年我给你涨工资”就信了，也不知道涨多少工资，更不知道满一年之后的哪天给自己涨工资。这是职场中的欺骗，还有情场、婚姻中的欺骗，以及人际交往中的欺骗，骗得都那么道貌岸然，骗得都那么逼真，最终受害的往往还是老实人，尤其是老实女人。

春芳在某公司做会计，今年的工人普遍都涨工资了，她却没有涨工资。老板对她说：“你来公司才半年，我怕给你涨工资，老员工对你不服，等你工作满一年我再给你涨工资。”

春芳是个老实人，以为老板说话算数，就点点头，说：“知道了，没事。”

很快，又过了半年，春芳工作满了一年，老板给她涨工资的承诺却如石沉大海。不但如此，老板还把出纳的事情也交给她做，她心里知道不能兼任出纳的工作，但是转念一想，老板是信任自己，才让自己兼任出纳工作的。于是，就毫不犹豫地答应了。就这样，春芳一个人干了两个人的活。每天忙得晕乎乎的，连一句怨言都没有。有时候加班到9点，老板虽然看在眼里，但并没有把她放在心上。

有一天，春芳听说老板把仓库管理员的工资从1500元涨到了3000

元，她顿时惊呆了。她想不明白到底为什么，为什么自己每天做那么多工作，工资还不如一个仓库管理员。可是她太老实了，不好意思跟老板提涨工资的事情，就这样，她变得郁郁寡欢。

突然有一天，老板把春芳叫到办公室对她说："最近公司的财务出现异常问题，我听有人反映，你既做会计，又做出纳，可能是你从中做了手脚，贪污了钱，你对这件事怎么看？"

春芳脑子一下懵了，气愤地叫道："谁说的？把他叫来，让他拿出证据来？我每天辛苦地工作，一个人干两个人的活，你没有看到吗？你承诺工作满一年给我涨工资，你兑现了吗？现在还冤枉我，有你这样的老板吗？"

一顿发泄之后，老板的情绪也起来了，对春芳吼道："不想干就马上滚，我不稀罕你。"就这样，春芳失业了。

事后春芳百思不得其解，以为有同事陷害自己，但是公司里一个要好的上司却对她说："根本不是同事陷害你，而是老板想辞退你，故意找个借口的。"这时春芳一想，才恍然大悟："是啊，老板担心我去提涨工资的事情，所以，先下手把我辞退，让我廉价地给他打了一年工。"

或许你还只是一个二十几岁的女人，单纯一点并没有错，但是在这个复杂的社会关系中，你要想在世俗的社会中生存，就要学会保护自己，学会防止被人玩弄。你可以表面单纯，但是不要真的单纯。你也可以有点单纯，但是不能太单纯，你的内心一定要留点心机，以识破陷阱、谎言，从而保护自己不受伤害。

古人云："人之性恶，其善者伪也。"意思是说人看起来是善的，但那是努力装扮的结果，人性本质还是恶的。虽然这个观点有失偏颇，但它至少告诉老实女人这样的道理：做人不能太单纯，做人要有心计，以防止被恶人所害。否则，就可能像小梅和春芳那样被耍得团团转。

## 3 老实的女人直来直去最容易得罪人

如果问你："你喜欢和说话直接的人交往，还是喜欢和说话拐弯抹角的人交往?"你一定喜欢前者。生活中，每个人都希望自己身边的人说话直爽，甚至肝胆相照，但是我们又不喜欢说话口无遮拦，太过有口无心的人。由此可见，说话太直来直去也不容易受我们欢迎。

然而，偏偏老实的女人说话特别直接，好像她们的思维不会转弯一样，非要直筒子说话才行。无论是在职场中，还是在生活中，这种直来直去的女人，都特别容易得罪人，搞得人际关系经常陷入紧张。

黄琳是个老实人，说话特别实在。一天，在公司的集会中，她看到一个胖胖的女同事，穿了一件紧身的新装，她觉得同事这身着装与她的身材不相称，就说："你这件衣服很漂亮啊，但是穿在你身上，就像在水桶上捆绑了一层色彩艳丽的布，因为你太胖了。"

女同事听了黄琳这么说，气得脸通红，从此再也没有理过她。其实黄琳并没有恶意，她在说这话之前，并没有意识到会伤害同事的面子。因为她说话直来直去，她在公司得罪了不少人，职位仍是原地踏步，比她晚进公司的同事都成了她的顶头上司。另外，大家虽然经常评价她是好人，但是她在公司的朋友并不多，也并不怎么受大家的欢迎。

人们常说男人爱面子，其实女人也要面子。黄琳在大家面前那样说同事，同事生气是肯定的。这个事例告诉我们，说话要注意场合，注意措辞，因为说话太直接容易得罪人。如果我们说老实的女人不会说话，她们肯定会生气，但实际上，说话是一门学问，其中有一点就是说话不能太直来直去。不信，请看下面的两个笑话：

笑话1：

有个老实的女理发师的理发店遭贼了。第二天，有个老顾客来她店里理发，顾客见她愁眉不展，就问怎么回事。女理发师说："昨天晚上，我的理发店遭贼了，把我挣了一个月的钱都偷走了，我这是替贼剃了一个月的头啊。"老客户听了这话，气得马上走了。

笑话2：

有个家庭妇女去菜市场买菜，走到卖肉的摊位前，对卖肉的说："师傅，您的肉多少钱一斤？"这话多难听啊！

看了这两个笑话，你还认为说话是简单的事情吗？

老实人经常控制不住言语，掩饰不了自己的情绪，不管什么场合，也不管和谁说话，想到什么就说什么，从来不考虑所说的话会引起什么后果；老实人特别实在，喜欢就说喜欢，不喜欢就说不喜欢，一点情面都不给别人留。试问，这样怎么可能受人欢迎呢？

可以说，在客客气气的人际交谈中，直来直去是最忌讳的事情。如果你的直言直语，纯粹是一派胡言，那么对方可能听了不说什么，但是心里却对你一百二十个不满；如果你的直言直语是鞭辟入里的分析，那么会直戳别人的痛处，让当事人不得不奋起自卫，当事人也不会喜欢你。

所以说，无论你的直言直语是不是有道理，都无益于维护你的人际关系。别人会纷纷远离你，生怕被你的直言直语戳痛；别人也可能不约而同地孤立你、排挤你，把你赶得远远的，免得见到你心烦。相信你不希望成为被大家痛恨的人，那么就赶紧改变直来直去的表达方式吧！

方法1：灵活变通，变个法子说

有这样一个故事：

两个年轻人在一所修道院修道，他们有一个共同的习惯——抽烟。为了能过把烟瘾，第一个年轻人去问老院长："我能在祷告的时候抽烟吗?”结果，老院长狠狠批评了他一顿。

第二个年轻人问老院长：“请问，我能在抽烟的时候祷告吗?”结果，老院长夸奖了他一番，称赞他虔诚。

同样的一句话，由于说法不一样，其效果也会截然不同。所以，说话之前，一定先思考清楚，怎么说别人才爱听，要善于揣测听话者的心理，然后变个法子把你的意图表达出来，这样既避免了自己碰壁，又不会引起别人的反感。

方法2：多兜圈子，少碰钉子

老实人直言快语，容易得罪人，这样往往达不到好的效果。不妨试着兜圈子，委婉地表达自己的意思，这样或许更有效。有这样一个故事：

有个女人给丈夫做了一锅红枣饭，丈夫回来后吃到红枣饭，特别高兴：“这枣真甜啊，哪来的?”女人说是乡下的姑妈捎来的。

丈夫不无感慨地说：“姑妈真是好啊，年年给我们捎枣来!”

女人说：“是啊，我从小失去父母，是姑妈把我抚养大的。”

丈夫说：“她真不容易啊!”

这时女人忽然叹了口气，说：“听捎枣的人说，姑妈最近生病了，我想……”

“那就接来和我们一起住吧，方便我们照顾她。”女人的话还没说完，丈夫就说出了女人想说的话。

从这个故事中，我们看到了兜圈子的作用，它不显山、不露水地表达了自己的意思，避免造成麻烦，避免了碰钉子，是非常有效的说话术。

方法3：拿捏不好时干脆别说

说话之前要酝酿一下，思考一下怎样表达，如果拿捏不好措辞，干脆不要说，免得说错了话得罪人。常言道：“言多必失”“祸从口出”，对于不该说的话，拿捏不好的话，干脆不说为妙。

## 4 老实的女人不会“伪装”，难以在公司立足

老实人的最显著特点是做人真实，做事死板，说话直率。做人太真实容易被人看透，你心里所思所想别人一清二楚，你所喜所怒，别人心知肚明；做事太死板容易碰壁，碰得头破血流都达不到办事的目的，相反还会得罪人；说话太直率容易伤人面子，无形中给自己树敌。所以，女人太老实很难在公司立足。

反观那些在职场上左右逢源、八面玲珑、风光无限的女人，哪一个是老实巴交、直来直去的？她们的特点是：经常面带微笑，即使内心充满怒火，也不忘记“笑容满面”；总是和气待人，哪怕对待自己讨厌的人；懂得用积极的词语评价周围的人和事，哪怕自己心里根本不是这么想的；善于投其所好，总能让别人感到愉悦。所以，她们的人际关系好，职业前途一片光明。

王娟在公司里非常受人欢迎。她的嘴巴像是抹了蜜一样，总是说好话评价身边的人和事，所以大家都愿意和她聊天。王娟的口头禅是“还不错嘛”，这句话在节奏紧张的职场中仿佛有化腐朽为神奇的功效，在不经意间就能带给别人轻松感。

那天，同事张姐气喘吁吁地冲进办公室，一边解外套的扣子，一边用手中的考勤卡扇风，嘴里还抱怨着：“从来没见过这么慢性子的司机，开个公交车慢得像蜗牛，前方道路车那么少，他都不敢开快，气死我了，要不是我一阵狂奔，差点就迟到了，真悬啊！”

“还不错嘛！”王娟接话道，“还不错，没迟到就好，虚惊一场吧！那司机好像特意为你算好了时间啊，不是还富余 1 分钟吗？”

李大姐听王娟这么一说，不由得笑了起来，“嗯，就当是跑步减肥了。”

每天王娟都会说很多遍“还不错嘛”，当同事让她给自己的报告提点建议时，她看完报告首先会说：“还不错嘛！”然后，再提出建议；当领导制定公司目标、安排任务时，她会用“还不错嘛”来附和领导，以表达支持的态度；当同事遇到烦心事时，她依然会用这句话宽慰同事。大家都很喜欢王娟，有人说她是大家的“开心果”。

王娟爱说“还不错嘛”，说这话的背后心理是怎样的呢？恐怕她心里不完全是这么想的吧！她在说这话的时候，或许有相当的成分是在伪装自己的真实态度。这就是她的聪明之处，懂得把自己最真实的想法用“还不错嘛”这几个字包裹起来，从而给自己赢得一个和谐的人际关系。

老实女人就应该向王娟学习，学会适度伪装自己，避免做人太真实、太直白。但是怎样伪装自己呢？这是需要讲究策略的，下面就来介绍几个伪装自己的策略。

方法1：笑容满面，伪装自己的表情

人们常用“笑里藏刀”比喻外表和气，内心阴险的小人。在这里，我们并非建议老实女人内心阴险，而是建议老实女人面带微笑，外表和气。我们知道，老实女人经常把喜怒哀乐写在脸上，和喜欢的人在一起会开心，和不喜欢的人在一起就不开心，这样别人一眼就看透了她们的内心，不利于建立良好的人际关系。所以，老实女人要善于伪装自己的表情，要让自己看起来是个有亲和力的女人，这样对培养好的人缘是非常有必要的。

方法2：假装喜欢，学会接受你看不惯的一切

老实女人直言快语，从来不避讳自己的喜好，喜欢什么就夸赞，不喜欢什么就直接表达不满。比如，老实女人会说：“他可真怪，居然会穿这种衣服，真难看！”“如今这世道怎么这样，怎么看都不爽……”生活中，老实女人说话直，很容易得罪人。因此，假装喜欢、笑脸相迎对待身边的人和事，而不是用一双尖锐的眼睛挑剔周围的一切，这是老实

女人避免得罪人的不二法门。

方法3：假装和气，学会和你不喜欢的人相处

在生活中、在公司中，我们总会遇到一些让自己心生厌烦的人。之所以不喜欢那些人，可能是因为利益与之对立，可能是对方有不好的习惯，可能是对方曾坑害过自己。总之，当见到这些人时，我们都会产生厌烦。

但是，老实女人要明白，如果你想在职场立足，想在公司混下去，就别把这种“不喜欢”挂在脸上。否则，你就是明摆着和对方过不去，是在与他们为敌，这叫没事找事。聪明的做法是假装和你不喜欢的人一团和气，学会和他们相处。要知道，在公司里你们经常要打交道，说不定以后你需要他们的帮忙，甚至说不定哪天他们成为你的上司。所以，千万不要和他们对立。

方法4：投其所好，让别人喜欢你

在人性的丛林中，每个人都有不同于你的性格与爱好。因此，要想让别人喜欢你，我们就有必要了解别人的兴趣爱好，找到别人感兴趣的地方，然后适度迎合别人。

南宋韩太师权倾朝野，势力庞大。有一次，韩太师到南山游玩，当地府尹赵从善陪同他来到一间茅草屋前，韩太师停了下来。他看了看茅草屋和竹篱笆，感慨道：“真有农家田院的味道，只可惜少了一点鸡鸣狗叫声。”说完韩太师继续往前走。忽然，他听到身后传来鸡鸣狗叫声。韩太师回头一看，发现是府尹大人躲在草堆里模仿鸡狗的叫声。一时间，他笑得前仰后合。正是这种投其所好、阿谀逢迎，使得赵从善赢得了韩太师的好感。

老实女人看了这个故事，想必会为赵从善的不老实行为感到不耻，我们不必模仿赵从善，为了讨好别人，低贱到失去自己的人格。但是，我们适当迎合别人的兴趣爱好，让别人开心一笑又有什么不可呢？这就叫投其所好，目的是让别人感到自然愉悦，对你充满信任，这样你才能达到办事的目的，才能达到结交人脉的目的。

## 5 世事真的很复杂，女人一定要学会世俗

生活中，我们经常会听到年轻的女孩说这样的话：“开口是钱，闭口是钱，你俗不俗啊？”“不要那么世俗好不好？我的爱很纯粹。”“我不在意他能给我多少物质，否则，我和卖身有什么两样？”年轻人涉世不深，不知道世事复杂，总是把生活想象得很美好，把爱情想象得很单纯。

等到年轻的女孩走入社会，经历了职场、婚姻、家庭之后，慢慢成熟起来时，再蓦然回首，才发现当初的自己是多么老实单纯，多么幼稚天真。有些女人甚至为当初的“不世俗”后悔，而有些女人则会庆幸当年有那么一点世俗，才不至于使自己的后半辈子过得狼狈不堪。那么，女人世俗到底好不好呢？

韩国新生代实力派美女作家南仁淑曾说过：“二十几岁学会世俗，才不会在三十几岁劳碌。”虽然很多人都讨厌“世俗”这个词，认为世俗就是现实、物质、庸俗，认为世俗就是注重金钱、名誉、人气、地位、权力等，但是世俗并没有错，关键是要把握好“度”。作为女人，一定要学会世俗，因为世态真的很炎凉。

有这样一个女孩。十年前，她与一个男孩相爱，尽管男孩家里穷，尽管女孩的父母极力反对，女孩的闺蜜反复劝说：“没有面包的爱情是靠不住的，没有物质的爱情是无法长久的。”但她还是义无反顾地选择了这个穷男友。她说只要有爱情，什么困难都可以克服。父母劝她：“女儿，有爱情是好事，但总不能天天饿着肚子过日子吧，爱情不能当饭吃啊！”可是，崇尚爱情的她根本听不进去。

亲朋好友给她介绍了一个家境优裕的对象，但是她却用鄙夷的眼神

看待这件事，认为亲朋好友太现实，只知道物质和金钱，太粗俗不堪了，甚至觉得和这些亲朋好友相处降低了自己的人格，玷污了自己的人品，是一种折磨。

和男孩结婚之后，女孩对男孩说，我们一定要通过努力改变贫穷的现状。为此，她真的很努力，她想证明给亲朋好友看。但是十年过去了，她的生活并没有多大的改观。也许是她和老公的努力还不够，但真正的原因是他们的物质基础太薄弱了。对别人而言，只是一个小小的不幸，但是对他们来说，却是一个巨大的困境。

在这十年间，她的辛苦是同龄的那些所谓的世俗女的几倍。年过三十的她，当看到昔日的那些朋友住着宽敞的房子，过着优裕的生活时，她还在和老公为房子而奋斗。有时候，她会为不能给年迈的父母提供好的生活条件而感到不安，也为不能让自己的孩子穿上更多漂亮的衣服而失落。不过，唯一值得欣慰的是，她的爱情没有变质。如果有一天，这份浓浓的爱变质了，她真不敢想象要如何面对这个现实。

很多没有吃过苦的年轻女孩，总喜欢把未来勾画得非常美好，总是以“清纯”自居，相信“有情饮水饱”，随时准备迈进美好的爱情生活。与此同时，把有钱有能力的老公、豪宅、名车、安定的生活等视为世俗的追求。其实，对女人来说，持有这种观念并不明智。

上面的故事并不是要我们抛弃真爱，去追求金钱和物质，它只是告诉了我们一个道理：人生而世俗，只是很多人年轻、单纯没有认识到这一点。如果20岁没明白这个道理，等到30岁才明白这个道理，或许你的人生会多一些忙碌和艰辛。

女人要明白，人和人的区别其实不大，大多数人都是普通人，都要衣食住行。所以，要尽早成为一个能认清现实的俗人，这并不是要你抛弃自己的理想、真爱和责任感，去一味地追求虚荣，而是要你学会规划人生，选择更有利于自己人生发展、生活幸福的道路。

对女人来说，选择爱情是所有选择中最重要的一个。选择了一个什么样的男人，就意味着选择了什么样的人生。因此，在你的爱情还未开始之前，你要放弃单纯的思想，抛弃对物质和金钱的成见，学会适应这个现实的社会。

不管怎样，如果你能早一点学会世俗，那么你将来会活得更从容。因为学会世俗意味着诚实地面对生活，帮助自己过上想要的生活，做自己想做的事情。

## 6 该装傻时就装傻，该聪明时绝不含糊

石油大王约翰·戴维森·洛克菲勒曾给儿子写过很多信，信中教了儿子很多做生意的技巧，还有很多做人的学问，其中有一封信的主题是“装傻也是一门学问”。他的意思是该装傻的时候要装傻，这就是我们常说的“难得糊涂”。

装傻是一门学问，也是一种技巧。它不是要人刻意作假，而是指为了某种需要，适时地做出装傻之举，让别人看不透你的内心想法，从而避免得罪人，影响自己的人际关系，给自己带来不必要的麻烦。老实女人心直口快，说话不绕弯子，不说假话，很容易得罪人，因此，一定要学会该装傻时就装傻。看看下面的故事，你就知道装傻的意义何在了。

商代末期，纣王夜夜笙歌、日日沉醉，喝酒喝得忘记了当时是什么日子。他问左右的侍从，侍从们都说不知道。他又派使者去问箕子，箕子对使者推辞道：“我喝醉了酒，我也记不清今天是什么日子。”

使者走后，箕子对自己身边的人说：“身为一国之君，竟然让国人都忘记了时间，这个国家已经很危险了。一国的人都不知道是什么日子，只有我一个人知道，我也就很危险了。”

其实，箕子心里非常清楚那天是什么日子，但是他却对纣王派来的使者说他喝醉了酒，记不清是什么日子。这就是典型的揣着明白装糊涂，为什么他要说假话呢？因为他要通过装傻来自保。这就是为人处世的智慧。

可以设想一下，如果箕子是个老实人，实话实说了，恐怕将给自己惹来杀身之祸。在当今社会，虽然说实话不一定会给自己带来杀身之祸，但是有些情况下会严重影响自己的人际关系，给自己的工作、生活、婚姻、爱情带来不良的阻碍。因此，聪明的你应该学会该装傻时就装傻。

学会该装傻时就装傻，并不等于你是傻瓜，恰恰相反，你是大智若愚。古代的朝野上，今天的职场中，有多少人因为不懂得装傻而锋芒毕露，功高盖主，抢了上司的风头而被打压，甚至招来杀身之祸？只有大智若愚的人才能适应这个社会，好好地生存下来。

在人际交往中，装傻可以为别人遮羞，给别人台阶下；在职场竞争中，装傻可以迷惑对手，让对手对你掉以轻心，然后你乘其不备而取胜。装傻是一种示弱，是一种宽容，更是一种高明的策略。懂得装傻的人才容易获得良好的人际关系，才容易获得成功。

对老实女人而言，实话实说、爱不加掩饰地表现自己的聪明无可厚非。但是如果你不那么厉害，又想表现得聪明，那么这种聪明就是小聪明。一个老实女人不懂得装傻，却爱卖弄小聪明，这是非常危险的。

陈雪是某公司的市场专员。一天，公司为新产品设计了几个 Logo，老板把大家召集起来，让大家对这几个 Logo 发表自己的意见，以确定最终新产品的 Logo。当大家在一起议论纷纷时，陈雪小声地对旁边的同事说：“老板可不喜欢黑色。上次我们搞活动的时候，他就要我们把黑色的绸缎换成红色的。”证据确凿，论证合理，在陈雪的影响下，旁边几位同事纷纷对那个黑色的 Logo 持反对意见。

几天后，这件事传到老板耳朵里。老板得知此事之后，并没有批评陈雪，只是到了年底发放年终奖时，除了陈雪没有年终奖，其他员工都有丰厚的年终奖，而且大家都有不同幅度的加薪。

陈雪得知此事之后，愤怒地找老板理论，老板这时才漫不经心地说："当我让我的下属发表意见时，有个下属却自作聪明地把我的喜好说出来，以至于影响了大家意见的真实性。对于这样的下属，我既要给她发工资，还要研究她的心理活动，那我也太不划算了。"

最后，陈雪带着愤愤不平的心情辞职了。

老实的陈雪自以为聪明，结果被小心眼的老板逼走了。人心险恶，你我都难揣测，我们要做的就是装傻，尽量让别人喜欢你，这样你才能更好地避免吃亏。

值得注意的是，叫你装傻并不是叫你永远表现得愚昧无知，而是说在该装傻的时候装傻。换言之，在该聪明的时候要聪明，这样你才能恰当地表现自己的才华，更好地把握机会，让自己走上成功之路。

赵燕大学毕业之后，在网上找到了适合她专长的工作，于是投了简历，并在第二天得到了面试通知。那天上午 9 点，她按要求来到面试单位，可那时已有 30 位求职者排在队伍的前面，她是第 31 位。

看到眼前这么多竞争对手，赵燕心想：我怎样才能引起招聘领导的关注呢？她沉思良久后想出了一个主意：她拿出一张纸，在上面写了几行字，然后把纸折得非常整齐，再交给秘书小姐，并恭敬地说："您好，这个纸条上面有重要的内容，请您马上给您的老板。"

"好啊，先让我来看看这张纸条……"秘书小姐拆开纸条，情不自禁地微笑起来，并立刻站起来走进老板的办公室。结果，老板看了这个纸条也笑了。原来纸条上写着："尊敬的总经理，我排在队伍的第 31 位。在您面试我之前，请不要做任何决定。"最后，赵燕真的如愿以偿地得到了这份工作。

看了赵燕的聪明招式，你是否为她拍手叫好呢？对于很多老实女人来说，即使她们想到了赵燕的这个办法，恐怕也不会去实施，因为她们没有打破常规的勇气，更没有展现自己的信心。因此，老实人就更应该像赵燕学习。

该装傻时要装傻，该聪明时要聪明，这就是为人处世的变通智慧。变通的关键是明确什么时候该装傻，什么时候该聪明。只有这样，你才能变得越来越出色，越来越受人欢迎，越来越成功。

## 7 醒醒吧，不要指望用身体留住爱情

有些男人是好色的动物。不管他是穷困潦倒，还是位高权重，只要他生理功能正常，他就不可能不好色。就连伟大的思想家孔子都说过："食色，性也。"可怕的是，有些男人也是"健忘"的动物，他们一生忙碌地追求事业、地位、财富，拓展自己的资本，顾不上"猎物"的感受。所以，很多男人拉上拉链之后，从此就消失在茫茫人海。

女人往往是天真的、单纯的，她们想当然地认为只要一个男人还愿意和自己做爱，还饶有兴趣地和自己缠绵，那么这个男人还是爱自己的，对自己是有感情的。其实，事实并非如此。

有个女孩说，她和男朋友分手之后，男朋友还来找她做爱。就凭这一点，她认为男朋友还是爱自己的，还是对自己有感情的。其实，这是女人对男人的天大误解。女人不爱一个男人之后，她对这个男人的性欲会随之消失，而有的男人不爱女人了，他仍然可以继续和这个女人上床。

老实的女人一定要明白，有的男人可以不接受一个女人的爱，但是他不会拒绝这个女人的身体。换言之，对个别男人而言，爱和性是可以分开的，爱就是爱，性就是性，两者之间没有必然的关系。男人可以和一个素不相识的女人做爱，也可以一辈子深爱一个女人却不碰她，虽然这种情况很少，但确实存在。

当男人宠爱你时，就算你体态臃肿，在他眼里也是倾国倾城；就算

你刁蛮泼辣，在他眼中也是迷人可爱。而当他不爱你时，你再贤惠、再痴情，对他也毫无意义。所以，一旦男人变心，请不要跟他讲道理，更不要傻到用身体去挽留他。你唯一能做的，就是抢在他的前面，潇洒地转身。至少这样你还能挽救自己的尊严，至少这样你还能留给他一个美丽绝伦的背影。

作为女人，一定要认识到：爱情是由上半身开始的，然后才是下半身，千万不要把顺序颠倒了。只有当上半身和下半身契合，那才是完美的爱情。当男人爱你时，他希望得到你的下半身，但是你如果不同意，男人也不会生气，不会强求，不会以此为分手的借口。

女人一定要明白，男人爱的是你的上半身，你的性格，你的内涵，你的智慧，你的个性。他喜欢和你谈天说地，喜欢和你相濡以沫，这个时候如果你不同意他碰你的下半身，他会控制自己的下半身，他知道赢得美丽而长久的爱情，关键还在于上半身。

女人一定要明白，当男人决定离开你时，那是上半身的事。他不再爱你，他觉得和你合不来，和你无法沟通。这个时候，如果你用下半身去留住他，那不过是想抓住他原始的冲动，这是多么可悲的事情！

所以，老实女人们，该醒醒了，该认清几大误区了，不要再为回不去的爱情而徒劳付出，不要再为回不去的爱情而苦苦挣扎，而应该潇洒转身，开始新的幸福生活。下面是三种女人常见的挽留男人的错误做法，值得每个女人警醒。

误区 1：为男人过早地奉献了自己

有个女孩，和男友同居 5 年。在这 5 年中，她就像一位母亲那样，无微不至地照顾男友的饮食起居，全心全意地给他无数个香艳旖旎的夜晚。她以为男友享受到这些“福利待遇”之后，会娶她为妻。谁料到，男友却说：“我们这样不是很好吗？”言下之意是，还没结婚呢，你已经做得这么到位，我何必还要用婚姻给自己套上一个枷锁呢？

这个女人荒废了 5 年的青春，最后却没有得到一句承诺，她的经历告诉我们：在和男人交往时，千万不要轻易把身体献给男人，尤其是在你们结婚之前。要知道，男人总是对未知的、不太容易掌控的、神秘的东西倍感兴趣，而对完全把握得住的情感缺乏贪欲，不去珍惜。

误区2：用孩子套牢一个变心的男人

你可能经常在报纸、网络上看到类似的报道：有的女人，为了留住男人而怀上男人的孩子，以为这样可以牵绊住男人，男人就会给自己想要的婚姻、财产和爱情。可是，一个变了心的男人怎么会因为你给他怀了一个孩子，生了一个孩子就安分守己留在你身边呢？你是否想过当男人绝尘而去的时候，你一个人带着孩子怎么开始今后的生活？你想过孩子的感受吗？所以，还是罢了吧，不要做无力的挣扎。

误区3：用死亡来挽留变心的男人

自古以来，“一哭、二闹、三上吊”就是女人耍性子的法宝。然而，当一个女人以死相逼时，那是在糟践自己的人格和生命。女人一定要明白，你的生命不属于你一个人，你如此轻贱自己的生命，对于那些在乎你生命的人来说是非常不公平的。没有人可以伤害你，除非你渴望被伤害。如果你真的想挽留，为何不挽留自己的生命，看看身边的亲戚朋友呢？所以，千万不要为了一时冲动留下终生的遗憾，那也太不值了。

## 8 为人要圆，处世要方，女人你懂的

在你奔跑的时候，如果前面出现了一道悬崖，你会继续往前冲吗？在你行走的时候，如果前面有个坑，你会往里跳吗？不会，当然不会，否则就是傻瓜。可是，在人际交往中，明明知道直截了当、一身正气地说话办事行不通，为什么老实女人还要那么做呢？结果碰了一鼻子灰，

还得罪了人，败兴而归。说白了，老实女人缺少了变通和圆滑。

有句话说得好："水流不腐，人活不输。"一个懂得灵活处世的人，才能在人际交往中游刃有余，才能在为人处世中顺顺当当。因此，女人一定要学会圆滑、变通，要学会察言观色、看人行事，如此才能适应复杂的社会。当然，叫你圆滑、变通，不是让你老谋深算地坑蒙拐骗，而是说"当圆则圆"，学会曲线救国，而不要死心眼儿，一条道走到黑。

一家名气很大的文化公司推出两款套系产品，需要一系列的广告宣传。嗅觉敏锐的广告公司纷纷派出精兵强将前来洽谈广告业务，虽然他们说得天花乱坠，在价钱方面也给出不少让步，但是最后大都被这家文化公司的总经理婉言谢绝，只有一家广告公司的业务员张颖让这个总经理满意。

那天，张颖代表公司去见那个文化公司的总经理，走进对方的办公室后，见墙上挂着醒目的 Logo 就说："哟，你们公司的 Logo 设计真大气啊，看上去很有活力，很振奋人心，而且越看越有深度，有一种意味深长的感觉。"这样的开场白是那些前来拜访的广告公司代表中最精彩的。

"是吗？这是公司创立的时候，我亲自设计的。"文化公司的总经理听到张颖的恭维后，内心的自豪感油然而生，马上笑脸相迎，然后向她介绍公司 Logo 的设计比例、色彩调配以及它的内涵，其兴奋之情溢于言表。

聊完了公司的 Logo，总经理才意识到不知道张颖前来的目的，于是问："你来找我有什么事吗？"张颖笑着说："总经理，我得知你们文化公司要做广告宣传，是特意来拜访您的，想了解一下您想做出怎样的广告宣传效果，看我们公司能不能为您公司做点什么。"

张颖的话里话外，充满了谦虚和恭维，让文化公司的总经理听得特别舒服，他笑着说："就冲你这话，我愿意把公司的广告业务交给你们。来，我们商量一下具体事宜……"半个小时后，张颖拿着合作合同笑着离开了这家文化公司。

如果你是一名业务员，你上门拜访客户，张口就是谈业务，比如说：

“您好，我是某某公司的某某某，我是来向你介绍什么什么业务的。”听到这样的话，客户可能已经开始酝酿怎么拒绝你了。可是聪明的张颖首先夸奖文化公司的Logo，借此恭维对方总经理，赢得了对方的好感，然后顺利地谈业务。这就是灵活变通的智慧，这就是圆滑处世的技巧，所以，合作问题才迎刃而解。

其实，不仅是谈业务、谈合作需要灵活变通，在日常的人际交往中，我们也应该学会圆滑。比如，当你有求于人时，你可以根据他的性格、身份、地位，以及当时的诸多因素来考虑对策。当对方对你的要求表现出拒绝的意思时，你千万不要急躁，不妨变直接的请求为迂回战术。你可以先谈对方感兴趣、得意的事情，然后曲意奉承，只要你想办法让他高兴，事情就好办了。

梁启超曾经说过：“变则通，通则久。”灵活应变是一个人为人处世的最基本原则。对老实女人而言，学会灵活变通尤为重要。因为众所周知，老实人说话办事直接，不会绕弯子，不会兜圈子，更不擅长曲意逢迎、假意恭维，甚至打心眼里反感这种虚伪行径。其实真的没必要这样，只要能办成事，搞好人际关系，获得更好的人生成就，适当地圆滑处世又有什么关系呢？

再说了，让你圆滑处世、适当虚伪，并非让你失去自己做人的底线和原则。相反，在原则问题上你应该坚持自我，绝不妥协。因为只有这样，你才不会丧失人格，迷失方向。

通常来说，在两个问题上我们应该坚持自我，绝不动摇：一是尊严，一是应得的利益。相比应得的利益，尊严这个精神和人格上的原则更加不能轻易动摇。一个懂得自尊自重的人，绝不允许自己的尊严受到冒犯，否则这比利益损失更让人痛苦和难以忍受。所以，当你的人格尊严受到侵犯时，你应该强硬起来，这就叫“当方则方”。

小月是从乡下来城里打工的女孩，她在一个富有人家做保姆。小月干活利索，为人实在，但是生性多疑的女主人怕她手脚不干净，偷拿家里的钱财，所以，就在小月进门之后的几天想了一个办法考验她。

一天早晨，小月起床做饭，看见门口地上有10元钱，就捡了起来。她想肯定是主人掉的，就随手放在客厅的茶几上。第二天早上，她又捡到了10元钱，于是她再次放在茶几上。

小月感觉不对劲，于是晚上她假装睡觉，然后从卧室的门缝中观察客厅的动静。过了一会儿，她发现女主人出现在客厅，把茶几上的钱拿走了。小月明白了，知道女主人不信任她，这是有意试探她，她觉得这是对自己人格的侮辱，于是她想了一个办法维护自己的人格尊严。

次日早晨，小月又发现地上有张10元钱，这一次她把钱捡起来，装进了自己的口袋。到了傍晚时，女主人下楼散步了，小月把这10元钱悄悄放在门口的楼梯上。女主人散步回来，见地上有10元钱，便捡起来装进口袋。这一幕，被小月暗中看到。

当天晚上，女主人发现小月没有把那10元钱放在茶几上，于是像审犯人一样审问小月，说她手脚不干净，为人不诚实。小月笑着说："您不是在楼道里捡到了10元钱吗？那就是我还给您的钱啊！"女主人一脸诧异，顿时像触电了一样，半天说不出话来……

女主人耍小聪明试探小月，小月用心计反唇相讥，让女主人无地自容。小月在维护自己的人格尊严这方面做到了当方则方，绝不让自己的人格尊严受到侮辱，这一点值得每个老实女人学习。同时，小月的计策颇为圆滑老道，不动声色地回击了女主人，确实高明。

当圆则圆，当方则方，两者结合起来，拿捏好方圆的尺度，努力成为一个外圆内方的人，这样你才不会在复杂的人情世故面前受伤害。在圆滑处世的同时，我们应该秉承光明磊落、诚实正直的优秀品格，在刚正不阿的同时，也要学会灵活变通地待人处世，这才是高明的心机。

# 第二章 别总想着做居家女人，活出价值才更自信

独立、自信的女人就像一道亮丽的风景，让男人佩服，让男人欣赏。因为独立、自信的女人可以活出个性，可以释放洒脱，可以散发性感，可以尽情地展现自己的美。殊不知，这些“天然去雕饰”的美，正是那些依赖成性的女人们所不具备的。

## 做女人需要美丽，更需要智慧

爱美之心，人皆有之，尤其是男人，没有不喜欢美女的。很多女人深谙这一点，总想把自己打扮得漂漂亮亮的，好吸引男人的关注，赢得男人的真心。然而，仅仅有漂亮的脸蛋和性感的身材够吗？什么样的女人才能从女人堆里脱颖而出呢？答案是：漂亮和聪明一个都不能少。

众所周知，漂亮的女人充满吸引力，而当所有的女孩都懂得用化妆术、穿衣术来包装自己时，漂亮也就成了一个不难达到的标准。这时候，大家比拼的是什么呢？那就是聪明、智慧、内涵。

说到这里，我们不得不提到小S。多年以前，当她戴着牙套上电视时，不少观众都嘲笑她。可是当她摘掉牙套之后，她迅速跻身美女的行列，并以火辣的主持风格成为一流的综艺主播。

事实上，小S算不上标准的美女，只不过她长得生动，说话做事的风格也很生动。她可以让连战与她共舞，可以让李敖与她比拼“嘴功”，可以让富翁之子娶她做老婆……台湾著名的节目主持人、作家蔡康永曾经说过：“小S就是我眼中的黄蓉。”

那么，试问一下：小S到底靠什么成功呢？答案是：80%的漂亮和99%的聪明。

对普通女人而言，怎样才能让自己漂亮呢？除了天生的长相之外，剩下的就是穿衣打扮、化妆。有句话说得很好：“没有丑女人，只有懒女人。”这句话就是告诉女人们，只要你愿意化妆，只要你愿意不断提高自己的化妆水平，你就能把自己打造成漂亮的女人。

怎样才能让自己聪明起来呢？有位作家说得很好："聪明的女人知道让自己如何生动起来……"要想做一个生动的女人，你应该有独立的自我，爱自己的男人但不依赖他；有强烈的自信心；有独立的生活圈子，有较强的社交能力；有丰富的内心世界，"腹有诗书气自华"；在待人接物时能表现得从容镇定；有良好的品质和心态，宠辱不惊，等等。

女人要明白，内心的智慧、才华和活力才是彰显聪明的有力武器。因此，要多锻炼自己说话、为人处世的能力，努力加强自身的修养，让自己充满活力，成为一个仪态优雅的"万人迷"，从而让自己保持永久的美丽。

在这里，女人一定要清楚漂亮与聪明的关系与不同。一位著名的化妆师说过这样一段话："化妆是最末尾的一个枝节，它所能改变的事实其实不多。深一层的化妆可以改变体质，改变一个人的生活方式，比如，保持充足的睡眠，多运动；再深一层的化妆可以改变人的气质，比如，多读书、多思考，对生活充满信心，关心别人、爱护别人等，这样的女人即使长得不好看，也不会显得丑陋。"

这位化妆师说出了女人生命的三重境界：一流的化妆是生命的化妆，二流的化妆是精神的化妆，三流的化妆是脸蛋上的化妆。当你用心为生命化妆时，就算你原本不是最漂亮的女人，你也能成为最美丽、最有智慧的女人。

俗话说："漂亮的女人养眼，聪明的女人养脑，智慧的女人养心。"如果你能比漂亮的女人聪明，比聪明的女人漂亮，那么你就会成为最受欢迎的美丽女人。

## 2 巾帼不让须眉——你可以比男人做得更好

女人虽然不像男人那样拥有强健的体魄，也不像男人那样拥有刚硬的性格，甚至很多时候是被保护的对象，但这并不代表女人是弱者。女人虽然柔弱，但可以和男人一样独立自强，可以和男人一样充满韧性和坚持，可以和男人一样充满智慧和精明，并且完全可以比男人做得更好，创造出男人自叹不如的丰功伟业，令男人仰目而视。

比如，中国家喻户晓的节目主持人杨澜，现任阳光媒体投资控股有限公司主席，阳光媒体投资控股有限公司是国内领先民营媒体企业之一，现持有十几家亚洲地区媒体类企业之股份。再比如，曾一夜之间销售百万手表，在香港有“钟表女王”美誉的胡敏珊，她的成功故事在钟表界几乎是一个传奇。

所以，女人不应该把自己当成弱者，不应该认为天生就应该依靠男人而活，而应该时刻提醒自己：尽管在某些方面不如男人，但是你也拥有男人没有的优势，你可以自强不息，也可以出人头地。只要你保持“巾帼不让须眉”的勇气，再加上努力和坚持，你就可以比男人做得更好。

曾雪是一家美容机构的总经理，她的幽默风趣和睿智干练，让很多同行、顾客，以及公司的员工所折服。然而，就是这样一个成功女人，在几年前却是另一种状态。

几年前，曾雪是个内向寡言的女人，她对那些在会议上口若悬河的男同事非常羡慕，她也想像他们那样大胆自信地表达观点，可是她每次发言时，总显得很紧张。再就是她心里总觉得：女人应该内敛一点，话太多会给别人留下不好的印象。因此，她变得越来越沉默，越来越胆小，还有一种莫名的自卑感。

后来，细心的曾雪发现但凡公司的高层管理者、团队领袖几乎都是男性，而且他们绝大多数都有一流的口才，在众人面前发言，可以做到镇定自若，毫不怯场。于是她开始加强口才练习，为此她报了口才班，买了口才书，平日里刻苦练习。

功夫不负有心人，曾雪通过练习大大提高了口才，后来她靠着口才慢慢从普通员工中脱颖而出，在公司不断获得晋升。随着职位的步步高升，她结识的同行业中的成功人士也越来越多。再后来，她辞去工作，创办了一家美容机构，在短短的时间里，获得了丰厚的利润。

在成功的道路上，没有男女之别，只有强弱之分。如果你自认为自己是弱者，即便你有实力和才能，也难以成功。如果你想成功，你就必须抛弃“女人是弱者”“女人不如男人”等心态，努力提高自己的职业技能，扩充自己的知识储备，让自己变得更加出色。

当然，一个女人要想取得事业上的成功，要想出人头地，她付出的努力和汗水往往要比男人多一些，但只要女人心志坚强一些，多一些自信，多一些坚持，困难就变得不再可怕。这一点在很多成功的女人身上有很好的体现，陈冬一的成功就说明了这点。

陈冬一从一名普通的服务员，一步步脚踏实地地拼搏，最后变成了一个女企业家，她所创办的锦上酒楼如今已成为成都餐饮业的巨无霸。那么，她今天的辉煌是怎样获得的呢？

1996 年，陈冬一高中毕业之后，在银杏酒楼当起了小小的服务员。当时的月薪只有 200 多元。在工作期间，她的表现非常出色，工作能力也得到了锻炼，还被提升为领班，最后做到了银杏酒楼的主管，月薪达到了 2000 元。

对于这样的成绩，陈冬一丝毫不满足，她在空闲时总是思考未来的发展之路，因为她知道做前台服务是吃青春饭的。与很多同事计划留在银杏酒楼的想法不同，陈冬一决定从事更自由的工作。2002 年，她辞职了，带着在银杏酒楼学到的前台服务的基本流程、管理理念，以及一定的人脉资源，踏上了保险推销员的岗位。

也许是觉得保险推销员的工作不适合自己，也许是距离产生美，离开餐饮业后，陈冬一发现自己挺想念餐饮业的工作，她甚至觉得自己的骨子里非常热爱美食、餐饮管理。于是，她仅仅干了一个月的保险推销工作，又重回餐饮的轨道。她先后在芙蓉锦江酒楼和海港城酒楼工作过，在工作中，她学习了很多实战管理经验。比如，包间内如何最大限度地利用空间摆放桌椅、酒楼的装修风格应该如何设计，等等。

2005 年 10 月，陈冬一创办了锦山酒楼，2008 年，第二家锦山酒楼闪亮登场，2010 年，第三家锦山分店诞生……就这样，陈冬一的事业越做越大。

巾帼不让须眉，男人可以做好餐饮业，女人一样可以。这个世界上的大多数事情，男人可以做得好，女人同样可以做得好，甚至可以比男人做得更好。只要女人有自信，去钻研，去努力，完全可以和男人一样独当一面，在某个领域成为佼佼者。

身为女人，对现实生活应该少一些抱怨，多一些自我激励。哪怕身处困境，也应该保持积极乐观的心态，绝不认命，绝不向困难妥协，而要不断提醒自己：我很优秀，只要我积极想办法，一定可以战胜困难。面对一项工作时，你也应该提醒自己：我是很棒的，只要把全身心都投入到工作上，我一定会把事情做得更好。只要你有一股不服输的精神，你就有希望成为让男人敬佩的女人。

## 3 别总想着在厨房发展，活出价值的女人更自信

作为女人，你可以每天下班之后做一桌子好菜，也可以在周末把家里打扫得干干净净，还可以把孩子和老人照顾得细致周到，但是千万不要把这些事情当成你一个人的责任，更不能以这些事情为借口而辞去工作，然后把自己局限于家里，局限于厨房。女人，你的价值不仅仅是一个家庭主妇，更不应该是一个厨娘，你有更大的价值等待你去发掘，你有更大的价值等待你去创造。你要做的是一个真正的女主人，不要因家庭琐事束缚，而失去了自我追求，把老公当成唯一的追求，当成唯一的希望。

张先生有两个表妹，她们年少时都出落得亭亭玉立，虽然称不上倾国倾城，但也小家碧玉，足以让男人停下脚步多看几眼。到了男大当婚，女大当嫁的年龄时，她们没有凭借姿色、身材去傍大款，而是各自找了一个家境不算富裕的如意郎君，建立起自己的小家庭，生儿育女。

结婚后，她们都很孝顺公婆，都是勤劳的家庭主妇，成了丈夫背后勤勤恳恳、默默奉献的好女人。她们把好吃的留给丈夫和孩子，就像吃鱼只吃鱼头和鱼尾，把中间的鱼肉留给丈夫和孩子一样。

婚后那几年的生活虽然不算富裕，但小日子过得还算美满。可是自从家里殷实之后，两对夫妻就经常吵架，三天一小吵，五天一大吵，真是印证了一句话：“男人有钱就变坏。”两个女人的丈夫在外面都有情人，一个女人整天在家以泪洗面，想离婚又舍不得孩子；另一个女人干

脆破罐子破摔，奔波于情场中，凭着自己犹存的风韵姿色，要着伎俩套取一些好色男人的钱财。

当今社会竞争越来越激烈，作为女人，千万不能把婚姻当成逃避竞争的巢穴。经常听到女人说："找个有钱的男人养我，结婚了就不用上班了，每天睡到自然醒，多潇洒。"殊不知，这样的心态就是在自废武功，自贬身价。试想一下，当一个女人把自己留在家里，留在厨房，整天对着柴米油盐酱醋，对着肥皂剧和家庭琐事时，就意味着女人失去了自身的价值。

或许你的丈夫很有能力，可以赚足够的钱支撑整个家庭开支，但是作为妻子，女人一定要记住：你丈夫当初娶你，并不是因为家中缺少一个保姆，或者缺少一个喋喋不休的管家婆，他希望娶一个可以和他一起共担风雨，执手相望的人生伴侣。因此，尽管你有责任有义务照顾家里，但也有必要拥有一份工作，通过自己的努力给男人最有力的支持。这样你才能更好地展现自己的价值。

心理学家研究认为，女人若想展现自己的价值，必须注意三件事，其中最重要的一点就是有一份自己的事业，另外两件事是：学会合理地支配时间，有自己的人际交往圈子；学会控制自己，不能因工作紧张而产生沉重的心理压力。

女人在婚后继续投身于工作，投身于社会，不仅仅是为了证明自身的价值，更是为了学会理解和宽容。因为在社会竞争中，女人可以感受到各种无奈，从而理解丈夫在事业上打拼的辛苦，当女人回到自己温暖的小窝时，可以用女人特有的温柔给丈夫一些理解和宽慰，还可以和丈夫分享工作中的酸甜苦辣。如此，夫妻才有共同语言，才有交流的话题，才会让夫妻感情越来越深厚。

陈先生很喜欢在家人团聚的时候系上围裙，在厨房里忙碌一圈，展现自己的厨艺，而他美丽温柔的妻子，则在一旁打下手，品尝着他所炒的菜的咸淡。等他的妻子满意了，这盘菜才算真正完成。喜欢开玩笑的朋友经常打趣地说他们是在作秀，可是他们并非作秀，他们很幸福。

陈先生拥有一家颇有规模的工厂，可谓身价不菲。他的妻子是一个公司的普通职员，每个月的工资估计只够她买一件名牌外套，但是她依然每天认真地工作。事实上，她要的不是这份工作的薪水，而是一个独立认识社会的机会。她经常参与社会活动，了解自己丈夫打拼事业的辛苦，知道丈夫所面对的巨大压力。他们是夫妻，更是知己，无论是聊生活还是聊事业，他们都能聊到一起，他们相互信任，相互体贴，幸福的日子越过越甜。

女人如果想把生活过得精致，就不能把自己当成花瓶，摆放在家里仅供丈夫欣赏，而要走出家门，走进社会，付出劳动和精力，和丈夫一起分担。也许你的能力一般，薪水微薄，但是只要你尽力而为，你就是价值不菲的宝贝，相信你的丈夫一定会珍惜你。如果你养尊处优，甚至还要求请个保姆回来，想过衣来伸手、饭来张口的日子，那么男人迟早会对你生厌。

## 4 不做“提线木偶”，有思想的女人更有魅力

看过木偶戏的人都知道，这种表演靠艺人用线牵引木偶来表演动作。木偶是没有大脑和思想的，其意识形态是被人控制的。相信没有人希望成为“提线木偶”，因为每个人都是独立的个体，有自己的思想和人格。然而，有些女人却在有意无意中，成为了男人手中的“提线木偶”，她

们失去了自我，没有独立的思想，她们的喜怒哀乐都被男人操控着。

很多女人在恋爱之前，是一个拥有独立自我的女人，她们有思想，有个性，有自己的追求。可是恋爱之后，她们慢慢把自己放低，如此一来，即便是世上最漂亮、最有活力、最出名、最有才干的女人，也会在爱情中失去自我，变得没有主见，而不能掌控自己的幸福。

刚谈恋爱时，海洛伊丝被认为是比较强势的一方。男朋友在她面前比较笨拙、害羞，而海洛伊丝则非常外向，且有群众魅力，她经常活跃在地方政坛上，而且是一家大公司的部门经理，有很不错的薪水。

两年之后，海洛伊丝和男朋友结婚了。不久之后，男朋友成为一名医生，海洛伊丝感觉一切都变了。突然之间，丈夫变成重要的一方，海洛伊丝则成了医生的太太。在外面有了面子和地位，回到家里，丈夫也期待海洛伊丝用崇拜的眼光看他。他对海洛伊丝的要求越来越多，甚至要求海洛伊丝替他跑腿、回电话。当海洛伊丝埋怨时，他却解释说："即使在家，医生亲自接电话也很没面子。"

海洛伊丝生气地说："那你还是请个秘书吧！"没想到，他真的请了一个年轻漂亮的女管家，既帮他接电话，又负责做家务。很快，女管家就和他站在同一阵线，他们经常公然地打情骂俏，似乎把海洛伊丝当成空气。没多久，海洛伊丝发觉自己在家里的地位被女管家取代了，并且每况愈下。

为了挽回丈夫的心，海洛伊丝不得不向丈夫妥协，表示愿意为她接电话、跑腿，丈夫这才辞退了女管家。此后，海洛伊丝开始相信丈夫的能力比自己强，开始像别人一样仰视他。虽然这样做让海洛伊丝赢回了一些地位，但她却越来越感觉失去了自己。直到有一天，丈夫提出离婚要求时（当然是因为他爱上一个年轻的女人），海洛伊丝的自尊心低落到极点，她沮丧到几乎想要自杀……

在海洛伊丝的婚姻中，她失去了自我，失去了独立的思想，就像一个被丈夫完全掌控了的“提线木偶”。即便她一再妥协，一再改变，努力迁就丈夫，但丈夫最终还是无情地抛弃了她。不得不说，这是海洛伊丝的悲哀。

很多年前，就有伟大的哲人说过：“人，是靠思想站立着的。”其实，女人也应该如此。假如一个女人没有独立的思想和人格，什么都任凭别人摆布，那么她如何掌控自己的生活，掌控自己的快乐呢？这样的女人，走到哪里都是一个唯唯诺诺的附庸，谈何气场？谈何魅力？

18 世纪法国思想家卢梭曾说：“无论就男性或女性来说，我认为实际上只能划分为两类人：有思想的人和没有思想的人。”把人划分为不同的种类的方法很多，卢梭却以是否有思想来划分人类，这实在是抓住了人的要害。

那么，到底怎样才叫有思想呢？简单地说，有思想指的是一个人有自己的脑子、有自己想法，对人生、社会与世界有独特的看法，面对不同的看法时不会人云亦云。因此，有思想的人，往往是内心强大的人。一旦有了深思熟虑的想法，就不会轻易改变，哪怕再多的人反对，也要坚持自我，绝不轻易妥协。

对一个女人来说，有独立的思想和想法，无论是对驾驭爱情、把握生活的幸福，还是对人际交往，打造事业来说，都是至关重要的。有思想的女人，总是流露着与众不同的美感，她们的想法也许另类，但是却有一套自圆其说的说辞。也许你不一定会认同，但是一定会打心眼里佩服她、欣赏她。

在一次香港小姐选拔赛的决赛中，组织者为了测试参赛小姐的思维敏锐程度，提出了这样一个问题：“假如有两个男人，你必须选择其中一位作为自己的终身伴侣，一个是肖邦，一个是希特勒，你会选择哪个？”

对于这个问题，百分之八九十的参赛小姐都选择了肖邦，因为他是音乐大师，是艺术的天才，而希特勒是法西斯分子，是极端武装分子，是人类和平的祸害。选择肖邦作为伴侣，不能算错，但是不够有特色，显得千篇一律，人云亦云。

不过，有一位参赛小姐选择了希特勒作为伴侣，她是这样解释的："我之所以选择希特勒，是因为：如果我嫁给希特勒的话，我相信我会感化他，这样一来，第二次世界大战就不会发生，世界上就不会有那么多人家破人亡。"这位小姐的回答让人眼前一亮，顿时全场掌声如雷。

一个有思想的女人，是天上地下、唯我独尊的独特而有智慧、有灵性的生命。她们明白，自己的感受出自自己的大脑，不能让别人的感受轻易替代。她们知道，在浩瀚的宇宙中，个体的生命很弱小，只有当自己有思想时，才会让自己变得强大起来，才会充满自信地面对生活。她们不在意外界给自己贴怎样的标签，只要心里认定的，即使众人不认可，她们也会发出"吾往矣"的气概。

一个有思想的女人，其实是已经觉醒的人。她们知道自己来自哪里，现在如何，将要去哪里。她们似乎看透了哲学家康德提出的三个问题：我能够知道什么？我应当做什么？我可以希望什么？而没有思想的女人还在糊里糊涂地生活，她们看不清自己，也无法正确地对待别人，所以活得混沌，活得茫然，活得没有自我。

一个有思想的女人，一定是喜欢与有思想的人交往的人。正如哈佛大学的校训提倡的那样："与柏拉图为伍，与亚里士多德为伍，更要与真理为伍。"有思想的女人明白，人活着不过是一张臭皮囊，除却了思想灵魂，其实什么也无法剩下。因此，她们认为，真正的朋友，是心灵的伴侣，她们重视与有思想的人交心。

有思想的女人是底蕴十足的，是自信迷人的，是具有独立完整的人格的，是客观公正的。有思想的女人是阅历丰富的，是闪耀着智慧光芒的，她们是精致的女人，也是成熟的女人。她们即便青春不再了，美貌流逝了，但依然卓尔群芳、气质超群，这就是有思想的女人的魅力所在。

## 5 悉心修炼品位、涵养、气度与胸怀

鲜花总是和绿叶、枝头联系在一起，女人总是和美丽、漂亮联系在一起。人们在评价一朵花美不美、艳不艳时，往往看它的整体效果好不好；人们在评价一个女人美不美时，往往看她们的内在和外在。外在的美一目了然，而内在的美却包含着很多因素，例如品位、涵养、气度与胸怀，等等。所谓："路遥知马力，日久见人心。"一个女人真正的吸引力源于内在的气质，如果你想用内在的气质吸引别人，那么就要注重内在气质的修炼。

首先，女人的气质美离不开品位的修炼。

每一个女人都是特别的，都应该有自己独特的品位。说到品位，很多人可能会想到奢侈品，其实品位与时尚或奢侈品并不是一回事，品位是一个人观察事物的态度。同样的东西，在不同的态度下观察，就会产生不同的感受和看法。作为一个有气质的女人，在观察事物时应用欣赏的目光、用高级的品位去审视。

从某种程度上看，一个女人的品位与她的气质是相辅相成的，品位的高低决定了女人对新事物的看法。有独特品位的女人，才能发现事物的独特美。有品位的女人是成熟的女人，也是勇敢、干练、自信的女人，有品位的女人总是善于恰到好处地选择表达自身风情韵致的外在形态，

使人产生可信的感受。因此，女人要保持和发展幽雅的风度，高尚的品位，就得注意自己的言行举止，博学多识，自立自强，自尊自爱，富有爱心。

其次，女人的气质美离不开涵养的修炼。

有涵养的女人往往会由内而外散发出一种高贵、优雅的气质，不论在什么场合，她们都不会由着自己的性子来。良好的涵养可以使她们学会克制自己的过激情绪，冷静下来理智地思考问题，审视自己的言行举止。

艾琳的老公是公司的总经理，他们非常恩爱。有一次，艾琳和同事一起逛街时，发现自己的丈夫跟一个和自己女儿差不多大的少女正在女士服装店里谈笑风生。凭借女人的直觉，艾琳明白了怎么回事，当时她非常生气，真想冲上去给丈夫和那个少女一人一个耳光。

然而，艾琳没有这么做，她冷静地走到丈夫的面前，笑着说："你们一起逛街呀？买什么呢？"见丈夫满脸尴尬，艾琳又说："没事，你们继续聊吧，我的朋友在那边等我呢！"说完，艾琳大大方方地走开了。

事后艾琳得知，原来丈夫和客户一起陪客户的女儿逛街买衣服，当时艾琳见到他们时，客户恰好去了洗手间，只剩下她的丈夫和客户的女儿在服装店。艾琳庆幸当时没有冲动，丈夫也开玩笑地说："亲爱的，真看不出来，你还很镇定。不过谢谢你没有发作，不然的话，我当时会很没面子。"

在与人交往中，一个女人是否有涵养，可以通过她的处世方式看出来。案例中的艾琳没有在大庭广众之下冲动地找丈夫理论，而是给丈夫留了一个台阶，给丈夫留了面子，这种冷静、智慧的做法，就是一种涵养的体现。反之，如果艾琳是一个没有涵养的女人，她会怎么做呢？她会冲上去，气愤地大骂丈夫，甚至会直接和那位少女"动武"，这不仅会让大家陷入尴尬，也让艾琳风度尽失。

有人曾举了一个例子，来说明没有涵养的女人是怎样一种形象：没有涵养的女人就如同叉着腿坐在咖啡店里的女人，在优雅的音乐声中，大声地搅动着勺子，大口地吮吸着杯子里的咖啡，当她接到电话时，会大声地说："喂，谁呀？你还活着呢?"她染的鲜艳的头发，能把小孩子吓哭……这样的女人就是典型的没有涵养。

再次，女人的内在美离不开气度与胸怀的修炼。

提到气度与胸怀，很多女人首先想到的一定是男人，认为只有男人才应该有气度和胸怀。其实，如果你想成为有气质的女人，同样不能没有气度与胸怀。因为气度与胸怀，是心胸博大的表现，是意志坚强者动人的风采，它昭示的是做人的豪迈。女人大度一点，多一点宽容和包容，那么就容易获得别人的好感。尤其是在爱情中，气度与胸怀是感化男人的上佳办法。

有个女人发现老公与一个女网友关系密切，暧昧不断，于是找好朋友诉苦，好朋友对她说："你别担心，别埋怨，把心放大一点，对他多一点关心，比如，专挑你男人爱吃的菜做，专说你男人爱听的话，就像没有那回事一样。"两个月后，这个女人告诉她的朋友，说她老公最近很少和那个女网友联系，并且对她更加疼爱了。

女人的气度与胸怀是一种智慧，是看透了纷繁人生后所表现出来的从容、自信和超然。如果女人遇事能做到宽容，不但可以让自己及时释放心理垃圾，还能让别人因此获得感动、反省、悔悟。

法国伟大的浪漫主义作家雨果曾经有一句至理名言："世界上最广阔的是海洋，比海洋更广阔的是天空，比天空更广阔的是人的胸怀。"如果你以宽容的眼光去看待世界，那么你所看到的将是青山绿水、碧海蓝天，你给人留下的将是高大的形象。这种形象会让你看起来更加有魅力。

## 6 不必太在乎别人的眼光，何必非得和别人一样

人与人都不相同，这就注定每个人的人生都将是千差万别的。也正是因为这些差别，世界才显得多彩而绚丽。但总有些女人十分在意别人的评价，用别人的“尺度”来衡量自己，久而久之，难免变得不自信。

比如你听说最近流行双眼皮，就觉得丹凤眼的自己丑陋无比，于是想通过整容让自己看起来更漂亮一些；看到身边好多人都在忙着考研，你虽然工作不错，但还是觉得学历低会让人瞧不起，于是你放弃了工作，奋不顾身地加入了“考研大军”的行列……

而你从来没有想过，双眼皮到底适不适合你，考研对你来说是不是最好的选择。你只是一味地希望自己符合别人的眼光和要求，如果你的尝试成功了还好，一旦失败了，就会严重挫伤你的积极性，变得越来越自卑。

这都是因为我们接受了“我应该像某某人”的观念。事实上，并没有适合每一个人的通用标准，也没有哪个标准是可以得到所有人的喜欢和赞同的。即使你再努力地去改变自己，也难免遭到一部分人的否定。

传说有一只兔子长了三只耳朵，因而在同伴中备受嘲讽戏弄，大家都说它是怪物，不肯跟它玩。为此，三耳兔很悲伤，经常暗自哭泣。有一天，它终于作了决定把那一只多出来的耳朵忍痛割掉了，这样，它就和大家一模一样了，也不再遭受排挤，那段时间它感到无比快乐。

时隔不久，它因为游玩而进了另一座森林。天啊！那边的兔子竟然全部都是三只耳朵，跟它以前一样！但由于它已经少了一只耳朵，所以，

这座森林里的兔子们也嫌弃它、不理它，它只好怏怏地离开了。

每个人都有各自的特点，也有各自的长处，根本没必要太在意别人的眼光。如果仅是为了要迎合别人而努力改变，只会使错误更加严重。因为，你总在做自己不擅长或者不喜欢的事情，完全失去了自我。

犹如每一片雪花都有区别一般。你不必与别人比较高下，因为地球上没有人和你一样。你是一个人，你是独一无二的，你不“像”任何一个人，也无法变得“像”某一个人。

曹玲玲是一个落落大方的女孩，不仅身材高挑，样貌也十分可人。由于身材和外貌的出众，她经常喜欢穿一些紧身裤或者是露脐装。这种打扮不仅完美地显现了她的身材，还吸引了很多异性的追求者。她的妹妹曹欢欢却不是这样，虽然是姐妹，但是两个人的外貌差距特别大，曹欢欢身材稍显臃肿，长相十分的稚嫩。她看到姐姐那样受欢迎，也想要像姐姐那样打扮自己。可是紧身裤很容易地就显露出她的粗壮大腿，而露脐装将她圆鼓鼓的腹部也暴露无遗，她不仅没有吸引到异性的欣赏，反而遭到了好多人的嘲笑和贬低。为此她极度地伤心，她不明白为什么自己和姐姐打扮的一样，但是自己却不受欢迎呢？

姐姐曹玲玲知道了妹妹一味地模仿自己，于是主动地买了一些衣服给妹妹，并帮助她打造自己的个人形象。曹欢欢穿上了姐姐送的衣服，整个人看上去都特别的可爱。原来姐姐为了掩盖她的“大肚子”，特意给她准备了韩版的长款下摆长衫，下身换上了深色的裤子。自从曹欢欢改变了形象，再也没有人嘲笑她了，还引来了不少羡慕的目光。

下意识地跟在别人后面，也许不会遭受非议，但这究竟是不是你想要的？你真正的想法是什么？不管别人奔向哪里，你都应该先在原地坐下来，冷静坦然地审视自己，确定自己人生的方向，找到那个真正属于自己的幸福指引之后再动身。

不管面孔精致，还是平实自然；身材高挑，还是小巧玲珑；性格泼辣，还是温柔如水，在这个世界上，你就是唯一，是独一无二的。你应该为这一点而感到骄傲和自豪，也应该尊重和利用大自然所赋予你的一切，去尽情地唱自己的歌，画自己的画，创造自己的小花园。在岁月的河流里，经历欢笑和痛苦，记住生活本来就属于你自己，美丽也属于你自己！

所以，每一个女人都没必要总活在别人的评价和标准中，只要你自信地为自己而活，你就是那朵最别致、也最漂亮的花。

在每个女人心底，都有那么一点虚荣心，都想得到别人的赞赏和认可。为了得到这种赞赏和认可，她们往往会去迎合别人，从大众心理出发去做事情。一味从众的女人是可悲的，她们根本不知道该怎样去爱自己，总是在犹豫不定中度过每一天。这种状态会给你带来许多痛苦和挫折，让你越来越没有信心。你会感到自己的自我形象是软弱无力的，是没有社会地位的。

就像世界上没有完全相同的两片树叶一样，生活中也不可能有完全相同的两个人，这正是大自然的奇妙所在。既然如此，何必非得要求自己时时处处都和别人一样呢？那样的你还是具有魅力的自己吗？

千万不要为了任何人的引导，而泯灭了自我的生活方式，想要出类拔萃，你就得做个独具个性和风采的女子。

## 7 有梦想，有野心——为自己设立一个远大的目标

人活着不容易，女人活着更不容易。虽然这是一个讲究男女平等的社会，女人看上去活得挺潇洒，比如，那些风情万种、受人追捧的漂亮

女星。然而，静下心来想一想，随着容颜的老去，风流过后，女人还剩下什么呢？

身为女人，一定要正确认识自己，搞清楚两个问题：到底为谁而活？应该怎样活？有人说，女人是感性的动物，为爱情而活。其实这只是一种浪漫的说法而已。

在很小的时候，女人为父母而活，因为孩子是父母的希望；当女人长大了之后，女人为自己而活，因为女人要实现自己的理想，追寻自己的幸福；结婚之后，女人为丈夫而活，因为丈夫是自己的依靠；当女人生了孩子之后，女人为孩子而活，因为孩子是自己的希望……就这样，女人度过了一生，到头来才发现，原来自己一生多数是在为别人而活。这是女人该有的命运吗？女人是否应该重新认识自己，改变一下活法呢？

几年前，张月因为老公出轨，和老公离婚了。当时张月非常恨丈夫，发誓一辈子不会原谅他，因为他有错在先。离婚之后，房子归张月和女儿，丈夫搬出去住了。

当时张月以为丈夫和自己离婚后，会和那个第三者结婚。可是，一年之后，他和那位第三者分手了，至于什么原因，张月也不清楚。当时的张月在工作上表现很不错，在经济上也很独立。离婚后，张月和女儿也适应了单亲家庭的生活，并没有人们想象的那么可怜兮兮。

之后，张月有了新男友，相处了一段时间，感觉对方特别体贴。就在这个时候，前夫找到了张月，表示想和张月复婚。张月对他说：“我们都离婚近两年了，女儿刚适应没有父亲的生活，我也刚把你忘记不久，现在我们过得很快乐，我不可能和你复婚。”

张月的意思非常明确，没有给前夫半点机会，但前夫却哭泣着求张月给他一次机会，他对张月说：“我和你离婚之后，经历了这么多，我才觉得你好，我很后悔。只要你给我一次机会，我一定会好好珍惜。”

张月没有被男人的眼泪打动，她明确表示复婚不可能。后来，张月和男朋友结婚了，他们很相爱，他对张月的女儿也很好，就像对待亲生孩子一样。张月感到非常幸福。

女人到底为谁而活呢？其实，说到底，女人应该为自己的幸福而活，为自己的尊严而活，要活得有自我，要活得精彩，活得不留遗憾，这样，女人的一生才没有白活，这样才能展现出女人生命的美好姿态。

台湾女作家吴淡如曾在自己的作品中写过这样一段话："活得好，不能只活给别人看，而要活给自己看，自己才是真正的裁判。"这句话对女人有醍醐灌顶的启发，女人应该做自己的主人，应该为自己而活，以自己的本色来生活，这才是对生命的最大尊重。

女人有想法可以说出来，有想法可以行动起来。当你这样去做之后，你会觉得一切都那么美好，你的人生才不会留下太多的遗憾。为了让自己生活得更好，你需要保持一种健康、乐观的心态，还要有一颗热爱生活的心。

女人可以长得不漂亮，但是一定要活得漂亮。所谓活得漂亮，就是要活出自己的本色，活出自己的精神，活出自己的品位，这是一种至真至诚的精彩。女人只要牢记一句话：活得好，不是为了给周围的人看，而是为了满足自己内心的渴望。永远不轻视自己，不放弃自己，就没有谁可以阻碍自己追求幸福。

## 8 不断修炼，内心充实才能气场强大

鲁迅曾经说过："真的猛士，敢于直面惨淡的人生，敢于正视淋漓的鲜血。"对女人而言，要想让自己的气场变强大，最关键的是修炼自己

的内心，敢于担当，有坚定的意志和饱满的情绪。这样，无论岁月如何褶皱你的肌肤，你的灵魂都会富有朝气。

在这个物质世界中，很多人都在追求成功，内心富足的女人不会随波逐流，她们明白：成功与否，关键不在于如何管理外界，而在于如何管理好自己的内心，只有不断修炼自己的内心，才能获得成功，才能气场强大。

一年前，王茜和丈夫离婚了。在那段日子里，她每天生活在迷茫中。一方面是因为自己每天辛苦地忙碌着，却只有可怜的薪水，她对自己非常失望；另一方面，她每天拼命地学习，努力地思考，但仍然找不到一个可以改变自己生活状态的办法。

经历了一年的自我反思和持续学习，后来，她突然想明白了。对工作不满意，完全是自己的问题，因为如果对工作待遇不满，可以向领导反映；如果对工作任务不满意，嫌累了，可以换工作。但如果一味地心怀不满，不但无法解决问题，还会使自己失去个人魅力。因为一个郁郁寡欢的女人，是没有气场和魅力可言的。试想一下，笑都笑不出来，哪里会有朝气呢？整日忧心忡忡，说话怎么会有底气呢？

现在的王茜完全变了一个人，她爱看书，爱交友，爱笑，爱打扮，遇到不如意的事情时，她知道换个角度看问题，懂得用积极的心态去想办法。她知道，路再艰难，也要一步步地走，问题总是源源不断，生活依然要继续，哭也是一天，笑也是一天。因此，她选择了笑着度过每一天。或许正是因为她的乐观，王茜在离婚两年之后，遇到了生命中那个能带给自己幸福的男人。

内心富足的女人有强大的意志力，能抵抗外界的干扰。无论外界有多少诱惑，有多少挫折，她们都能做到心无旁骛，镇定自若，坚守内心的那份坚定，这是一种理想化的心理状态，也是一种难得的自我修炼。

内心富足的女人懂得尊重别人，更懂得尊重自己。她们不会羡慕别人的生活，即使那个人看起来快乐如意；她们也不会评价别人是否幸福，即使那个人看起来孤独无助。因为她们明白，幸福如饮水，冷暖自知。

人生在世，要善待自己，看清自己，不断修炼自己，只有这样才能内心富足、气场强大。上文的王茜之所以发生了蜕变，正是因为她正确地认识了自己，改变了对待生活的态度。如果你也对现状不满，你也感觉到自己内心的脆弱，那么你应该从现在开始修炼内心，充实内心。

（1）保持内心的宁静，在自我反思中修炼内心。

人之所以有压力、有敌意、有愤怒、不快乐，很多时候，并不是外界的罪过，而是自己的罪过。因为心眼小，因为情商低，因为不够宽容，因为不够乐观，才会轻易被外界的人和事牵动情绪。

当你有压力时，不妨向朋友倾诉，说出来心里会好受些。如果把什么都装在心里，压力自然越积越多，你自然会变得内心沉重。当别人对你充满敌意，对你出言不逊时，不论人家说什么做什么，你最好不要与之纠缠，学会宽容一点，用无视和冷漠应对或许是最好的回答。做到了这些，你的气场将骤然增强。

（2）养成阅读的习惯，在阅读中充实内心世界。

阅读能让女人变得美好，让女人变得性感。女人应该像坚持用化妆品那样，保持阅读的习惯。古语说："书中自有颜如玉。"读书可以外修女人的气质，内修女人的气场，还可以让女人的言行举止变得更有淑女风范。

台湾作家萧丽红曾说过："读书就是与好人、好事、好物相遇。"读一本自己喜欢的书，就像一场精神的艳遇，因此，女人要有阅读的习惯，无论多忙多累，每天翻阅一下书本，对充实内心、修炼气场都有非常大的帮助。

（3）积极与人交往，在人际交往中修炼气场。

人这种社会动物，除了有家人，还必须有社会交往。一个不重视人际交往的女人，工作和个人生活往往都会受到影响。美国前总统罗斯福曾说过："成功的公式中，最重要的一项因素是与人相处。"从某种意义上来讲，积极与人交往，积累人气是一个女人成功的重要途径，也是一个女人提升自我的重要手段。因此，女人要有积极交友的心态，通过人际交往来修炼自己的内心，提升自己的气场。

# 第三章 女人会做事，还要会来事

“会做事”与“会来事”虽然只有一字之差，但却关系着两种截然不同的命运。一个聪明的女人，必定是“会来事”的高手。她知道什么时候该退让，什么时候该表现。既不锋芒毕露，又不泯然众人；既不字字虚言，又不全抛一片心。她会利用社会上现实存在的人之常情，在最不利的情势下，达到最圆满的效果。

## 1 同事之间无密友，交浅言深很危险

俗话说："多个朋友多条路""朋友多了路好走"。很多老实女人坚信这类至理名言，进入职场之后，她们本着与人为善的态度和同事们交往，其动机非常单纯——搞好人际关系，和大家成为无话不谈的朋友，以便大家互相照顾，把工作搞好。

老实说，这种想法是非常好的，可是职场复杂，人心叵测。如果你不懂得防范别人，而是一门心思地和别人"掏心窝"，想和别人成为密友，那么你就很可能陷入职场人际交往的误区，给自己带来麻烦。

陈璐是一家广告公司的策划部经理。任职两年后，公司"空降"了一个策划总监，做她的顶头上司。从那以后，公司里总有一些同事有意无意地向陈璐打听新来的策划总监的背景、实力，甚至有人问陈璐："她多大年纪啊？结婚了吗？"

陈璐知道祸从口出的道理，所以，面对别人的打听，她始终说："我不知道。"在公司里陈璐有个自认为关系很好的朋友，叫王敏，两人经常一起出去吃午饭，几乎是无话不谈的朋友。因此，陈璐经常和王敏在吃午饭的间隙聊新来的策划总监。

陈璐在王敏面前多次表示，对公司的安排不满意，因为如果公司不空降一位策划总监过来的话，她就很可能晋升为策划总监。有一次，陈璐和策划总监因为工作问题发生了较大的分歧。晚上，陈璐打电话向王敏大倒苦水，说策划总监多么难相处，还谈了不少对方在工作中犯的错。王敏一个劲地劝陈璐不要往心里去，叫陈璐不要和这种女人一般见识。

自从这次电话“诉苦”之后，陈璐明显感觉到策划总监和自己的关系越来越僵化，并且发现上司对她的态度也越来越不友好，她在工作中提交的建议几乎都被上司否决，甚至在公司中高层会议上，她在工作中的细小失误也会被点名批评。更可气的是，对于陈璐好的广告设计方案，总监稍加修改，就在总经理那里说是她设计的方案。不仅如此，策划总监总是安排陈璐加班，把难度最大的工作交给她来完成。

与此同时，陈璐和王敏的关系似乎也有微妙的变化。王敏不再像以前那样，和陈璐一起外出吃午餐。有一天中午，陈璐去公司附近的一家餐馆吃饭，偶然看见王敏竟然和策划总监在一起，这时她才猛然意识到王敏出卖了自己。

在复杂的职场丛林中，陈璐的经历绝非个案。有许多老实人不谙职场潜规则，看不清职场政治，把别人想得太单纯，有意无意地在自认为关系不错的同事面前谈论别人的是非对错。很明显，他们是把关系不错的同事当成朋友来看待，认为和好朋友谈心事、说秘密没什么关系。这种心理就是老实人最常见的心理。

很多女性初入职场，对工作环境、人际关系等感到陌生，甚至有些不适应。在这个过程中，如果有同事对她们较为热情关心和帮助，她们往往会心存感激，暗自把对方当成朋友。一旦把别人当成了朋友，接下来就很自然地和朋友推心置腹、无所不谈。殊不知，这种做法是非常错误的。因为你跟同事所说的每句话、每个秘密，在今后的某一天都可能传入第三方的耳中，到时候对你的个人形象，人际关系都将产生负面影响。

许多老实的职场人士都是在经历了吃亏、上当、被骗和被出卖之后，才深刻地感受到一个事实：同事之间无密友，交浅言深很危险。所以，你不妨牢记这句话：“害人之心不可有，防人之心不可无。”时常提醒自己，不要随便和同事说人是非，不要和同事分享自己的秘密。具体来说，可以参考下面三条建议：

第一，不要轻易和同事做朋友。在职场，交朋友必须谨慎。只有在长期的交往中，更加深入地了解别人的本质之后，你才能确定是否能和别人成为朋友。当然，不要轻易和同事交朋友不是叫你和同事成为死对头，而是说要谨慎对待交友。在平时的交往中，与人为善依然是最基本的交际态度。

第二，不要和同事说人是非。有人的地方就有是非对错，更别说复杂的职场和办公室里。对于公司发生的事情，你最好不要和同事背后议论，说张三太过分，说李四太愚蠢，小心这些话有一天被传出去。说人是非、道人长短是职场交际的大忌，你不妨在背地里多说别人好话，多夸赞别人，这才是明智之举。

第三，不要和同事分享隐私。女人是感性的，遇到不开心的事情，比较愿意向别人倾诉。尤其是老实巴交的女人遇到了感情纠葛，更不想憋在心里。但是切记，千万不要随便和同事分享隐私。否则，吃亏的是自己。比如，文静老实的晓燕刚失恋，她忍不住向关系不错的同事诉说。没过几天，这件事就传到了领导耳朵里，领导在公司会议上说：“有些人连男朋友都搞不定，公司怎么放心把事情交给她处理呢?”不久之后，晓燕被调离了职位。

## 2 锋芒太露，容易没饭吃

老鹰站立的时候像睡着了一样，老虎慢吞吞地走路时像病了一样，然而，这种深藏不露的表现正是它们捕捉猎物的手段。动物世界的生存规律告诉我们，做人要聪明但不要露锋芒，有才华可以，但不要随便逞能，沉住气才能干大事。

锋芒太露容易没饭吃——这是栽过跟斗的老祖宗们用鲜血写下的忠告。可是，很多老实女人并不明白这个道理，她们认为做人就要实在，有能力就要表现出来，没能力就靠边站，有能力不表现，藏着掖着是小人之举，她们对此非常不屑。因此，只要有机会，只要她们自认为有实力，就会大胆地表现。至于别人怎么看自己，她们甚至想都没想过。

大学本科毕业的小吴在职场摸爬滚打了三年之后，自认为自己的实力超出了公司给予的待遇，在要求加薪无果之后，她果断地选择了跳槽。后来，她来到一家外贸公司应聘。在外贸公司业务经理孙先生面前，小吴充分自如地展现了自己的业务推广能力、活动组织能力、英语表达能力。原本孙先生对小吴非常满意，但小吴的一句话却吓退了孙先生。这是怎么回事呢?

原来，在应聘者中，除了小吴让孙先生满意之外，还有一个名叫小雯的女孩也表现不错。公司急需一个业务推广助理，主要负责工厂联系和发货工作。在模拟接电话的面试中，孙先生发现小吴性格干脆利落，说话自然大方，觉得她挺适合这份工作的。但是当苏先生问起小吴的职业规划时，小吴回答道："我对自己充满自信，凭借我的能力和素质，我相信未来两年内，月薪要上万，这是我对自己的最低要求。"

孙先生听了这话，心想：一个业务推广助理的职位，怎么可能达到月薪一万的标准呢?目标这么高的女孩，肯定做事不安分，说不定还会给自己找麻烦。反观小雯，家境不错，性格文静，对薪水要求与公司薪资水平比较符合，还一直表示会好好学习。于是，孙先生最后选择了小雯。

女人有自信是好样的，但这种自信不一定要表现出来。小吴面试之所以失败，就是因为她太过自信，给人一种锋芒毕露的感觉，如果她懂得适当收起锋芒，表现得谦虚一点，或许她就得到了那份工作。可见，锋芒毕露容易没饭吃，这句话真的非常有道理。

相信大家都听过“真人不露相，露相非真人”这句话，意思就是：真正聪明、有实力的人绝不到处炫耀自己，而是很安静、很低调地等待一鸣惊人的机会。就像财富一样，有钱当然是好事，但没必要整天提着钱箱子到街上去显摆。否则，不被人打劫才怪。

女人有才华是一件好事，这是成才的基础，但才华是一把双刃剑，可以刺伤别人，也会刺伤自己，所以，运用起来一定要小心翼翼。老实女人有必要改变简单、单纯的思维方式，不要认为自己有实力就应该随时随地表现，而要认识到：过于锋芒毕露显得太张扬，无形中还会把别人比下去，容易遭人嫉恨。并且锋芒毕露一旦过度就成了自大狂妄，这种处世姿态是不受人欢迎的，甚至会被人暗中陷害。

三国时期诸葛亮的长兄诸葛瑾，有一个儿子叫诸葛恪。他出身名门，家教严格，很小就展现出过人的才智，大家都认为他的才华超过其父诸葛瑾。但是诸葛瑾却不这么认为，他并没有因儿子的才华而高兴，相反，他觉得儿子将来可能会给家族带来不幸。为什么呢？

用诸葛瑾的话说就是：“恪性格暴躁、刚愎自用，而且太喜欢表现自己，锋芒过于外露，终将引来祸端。”后来，果然不出诸葛瑾所料，诸葛恪长大成人，在掌权之后，表现得非常狂妄独断，经常以才压人，目中无人，最后惹怒了众人，最终被大臣们献计害死，导致整个家族被诛灭。

不可否认的是，在这个世界上，很多单纯女人的思维就像诸葛恪一样，活得过于真实，表现得过于张扬，这种处世姿态很容易招惹麻烦，把自己逼得走投无路。锋芒毕露虽然会给自己带来暂时的成功，但却很容易变成别人攻击的靶子，不知不觉给自己挖了一个坑，什么时候掉进去，都不一定清楚。所以，无论你在工作上表现得如何突出，如何受领导肯定，千万不要得意忘形，不要表现得自大狂妄。

## 3 在办公室树敌等于找死

老实人有一个共同的特点，那就是不太圆滑，为人处世棱角分明，很容易得罪别人。这样一来，他们就很容易树敌。也许老实人没有意识到在办公室树敌后果的严重性，如果用一句通俗的话来总结它的后果，那就是：在办公室树敌等于找死。

一年前，李玲进入一家文化传播公司工作。对于新人来说，初入职场原本要把精力放在熟悉业务、搞好人际关系上，以便在最短的时间内适应工作，适应公司的环境，站稳脚跟。但李玲却是个例外，她一直抱着防备的心态与人相处。如果有同事表示要帮助她，她不但不感激，反而加倍防范，生怕被人陷害了。而对于公司里的事情，她则单纯地想到什么就说什么，而且不注意措辞，导致她在言语上得罪了别人。

有一次，李玲看到一位公司新人的名字与一位老同事的名字同时出现在作品上，这让她感到很震惊，于是她跑到那个新人面前，不假思索地说："你好大的能耐啊，刚进公司才两个月，就把某某搞定了。"虽然李玲只是说笑，但是那位新人听了心里却很不舒服，后来那位老同事听说此事，对李玲也有不好的印象。

就这样，李玲经常在无意间得罪别人，导致大家都不愿意招惹她。渐渐地，李玲在办公室里成了边缘人物。大家有活动也不愿意告诉她，她遇到麻烦也没人愿意帮助她。在这种情况下，她的业绩基本是末尾。最后，她只好在失意中辞职走人。

职场中，像这样耿直的老实女人并不少见，其不良的同事关系主要是由她们的心理造成的。事实上，同事并不是我们的敌人，我们没必要和别人成为死对头。很多老实女人不懂得这个道理，她们即使表面上和别人一团和气，内心却过分偏执地防范人家。在这种情况下，活得是不是太累了呢？又怎么有心情来工作呢？

对职场中的老实女人来说，树敌过多，不仅会使自己迈不开步，还会影响正常的工作。而当一个人无法做好工作时，怎么保得住“饭碗”呢？如果真的因为树敌过多导致工作丢失，岂不是和自己过不去吗？所以，还是学几招，避免在办公室树敌吧！

第一，不要随意指责别人。

老实女人心直口快，一旦发现了别人的错误，就会直接指责别人，丝毫不顾及别人的情面，被指责的人肯定心里窝火，自然对她没有好感。这样一来，老实女人自然没有好人缘，大家都会避开她们，唯恐被她的快言快语和直截了当戳痛。

所以，如果你想有一个好的人际关系，避免在办公室树敌，就要改变随意指责别人的做法。你要明白，直接指责别人，尤其是在众人面前指责某个人，会让对方面子上过不去，会伤害对方的自尊心和荣誉感。你可以通过微笑、脸色、语调、手势来暗示别人，委婉地表达自己的意见；你还可以在众人面前支持别人的观点，在私下里向别人提出意见，这样不但不会伤害别人的面子，反而会赢得别人的好感和感激。

第二，不做好斗的“公鸡”。

很多老实人遇到难堪的误解或遭到别人不公平的批评时，会情绪激动地回击，就像受到挑衅的公鸡一样竖起头上的羽冠，但是“斗”起来并不能解决问题，并不能化解误会、还你清白，反而会导致矛盾越来越大，误解越来越深。因此，你最好学会控制自己的情绪，在即将爆发的时候暗示自己“这样不好”，把怒火平息下来。

第三，不要过于张扬，不妨“装装熊”。

很多年轻气盛的老实女人傻傻地表现自己，却不知道自己已经锋芒过露了。俗话说“树大招风”、“枪打出头鸟”，即便你有“两把刷子”，但如果你总是张扬自己，不把别人放在眼里，势必会被大家孤立。谈佳的遭遇就证明了这一点：

谈佳就职于一家颇有名气的出版公司，她工作特别卖力，加上精力充沛，总能及时完成领导交付的任务。在公司里，无论和谁相处，她都是那样神采飞扬。领导对她的工作能力非常满意，她自己也觉得挺风光。

可是，不久之后她发现同事们都有意识地疏远她，有些同事还在领导面前打她的小报告，有些同事明明举手之劳就可以帮她，但就是不肯帮忙。后来谈佳反思了一下自己，发现原来一切都是自己锋芒太露所致。渐渐地，她学会了“示弱”。她主动放低姿态，向老同事请教问题，虽然老同事表面上说：“这么简单的问题都不懂啊！”但谈佳看得出来，老同事非常乐意帮忙解答。渐渐地，谈佳的人际关系好转了。

可见，适当的时候装熊，可以化解同事的不良看法，可以修复自己不良的人际关系，把“敌人”变成朋友。

## 4 女人会做事，更要会来事

“会做事”与“会来事”虽然只有一字之差，但是却会导致一个人有两种截然不同的命运。老实女人认为，在公司里只要踏踏实实苦干就行了，业绩领导一定会看在眼里，不会亏待自己；会来事的人则认为光做好事情不行，还要学会搞关系，学会恰当地表达自己的功劳，这样才能被领导重视，才能受人欢迎。哪种观点正确呢？答案不言自明。

著名的成功学大师戴尔·卡耐基曾说过：“一个人的成功，约有15%取决于知识和能力，85%取决于处理人际关系的能力。”这句话充分告诉我们一个道理：纵然你再有才能，工作能力再强，工作做得再好，如果你缺少了必要的人际关系，那么你也不可能成功。而这里人际关系的处理能力正是会来事的表现。所以，身在职场的女人，要牢记一点：没有谁完全是靠真本事吃饭。

陈琴在一家事业单位工作，虽然她年轻稚嫩，但是工作能力很强。面对反应迟钝、对领导溜须拍马的办公室主任，陈琴打心眼里觉得自己比他强，内心实在看不惯他的作为。于是，陈琴主动请示办公室主任，表示愿意主动承担撰写那些报告的任务。

一次，总经理要写一份学术论文，请陈琴帮忙。陈琴认为机会到了，于是仗着领导的重用，陈琴开始指派办公室主任安排一些日常事务。办公室主任没有什么意见，即便其他同事颇有微词，他也始终笑嘻嘻的，就算陈琴当众对他指手画脚，他依然保持那份招牌式的笑容。一个星期之后，陈琴圆满地完成了学术论文，老总非常满意。

老总的赏识让陈琴暗自庆幸，她觉得自己越来越进入角色。此时办公室主任工作上的权力，几乎被陈琴所取代。她认为这个办公室主任早晚是自己当，就等老总宣布结果了。

然而，事情并没有这么简单，虽然陈琴的工作能力很强，业绩很突出，但是两年一度的换届结果出来之后，办公室主任继续留任，陈琴仅获得口头上的表扬。

陈琴很不服气，找到老总说明理由，老总笑眯眯地说：“年轻人，做领导不是只靠能力，更需要处理好人际关系，能够让大家信服。你还年轻，好好学着点，继续努力吧！”陈琴对老总的话似懂非懂，但看见员工对“平庸”的办公室主任的尊重和支持，她似乎明白了自己输在了哪里。

作为职场新人，在工作中高调地做事是危险的。因为即使你的本事再大，也不可能做孤胆英雄，你必须和同事、领导打交道，一个只会做事却不会与人相处的实力派女人，除了会让领导和同事有压力之外，剩下的就是遭人反感了。在这种情况下，怎么可能有好的发展呢？

有人曾说：“一个善于与上司和同事打交道的人在职场上是广受欢迎的，职场生涯成功的概率也会比常人高出许多。”这句话表明，在职场上，一个人的成功关键不是靠干实事，而是会来事。当然，强调“会来事”不等于否定要有真才实学和实干精神，而是说在干事的基础上会来事，才更容易成功。为此，职场女人尤其是老实女人，必须明确下面几点：

第一，职场需要的是综合指标，做事能力只是其中一个指标。

不少老实女人认为，职场升职加薪的唯一指标是工作能力，只要把工作做好了，自然会得到领导的赏识和提拔，获得事业上的成功。其实，这是一个以偏概全的观点。要知道，在职场中，上司也好，老板也好，都是用综合指标来考量员工，而做事能力只是其中之一。这些指标大致包括“背景靠山”、“人际交往能力”、“工作能力”，等等。所以，仅有工作能力有什么用呢？还需要有其他的软实力做后盾，这样你才能在激烈的职场竞争中获胜。

第二，处理好和上司的关系很重要。

在职场中，升职最快的员工，往往有强大的背景靠山。比如，一个女员工进公司没多久，在别人立足未稳的时候，就已经直接和上司打成一片了。当上司获得提拔时，她自然会扶摇直上。这比你埋头苦干多年却不懂得和上司搞好关系强得多。

第三，学会迎合别人的心理，满足别人的虚荣心。

女人在赞美声中争奇斗艳，男人在赞美声中更加玉树临风。美国前总统林肯说："人人都需要赞美，你我都不例外。"每个人都有喜欢被别人夸奖的虚荣心，美国心理学家威廉·詹姆士说过："渴望被人赏识是人基本的天性"，学会去迎合别人的心理，与阿谀奉承不同，这显然是一种聪明的处世方式。你在语言上满足了别人的虚荣心，别人高兴，你又不损失任何东西，何乐而不为呢？

## 5 巧妙应对男同事的想入非非

不少女性在办公室里被男同事口头上或行为上的挑逗占过便宜。虽然她们很想发火，但是由于太老实，所以不想得罪人；又因为为人保守，不想把这件不光彩的事情传出去，所以，最后选择了忍气吞声。可是，她们内心特别难受，特别恼火，严重的话会影响正常的人际交往和工作。

一位刚应聘到某公司的女士打电话向好朋友求助，说她进入公司不到两个月，就屡次遭到男同事语言上的挑逗和行为上的触碰，这让她感到很不适应。原来，她是一位美貌的女性，曾经因为自己的美貌和不凡的回头率而自豪，可是自从在职场被性骚扰之后，她却为自己的美貌感到烦恼。

朋友对她说："要不你干脆换工作吧，别在这家公司了。"可是她很喜欢这个工作，所以，她只好忍着，但她知道这不是长久之计，而且就算换一份工作，只要公司有男同事，凭她这动人的容貌，依然可能引起男同事的想入非非。所以，她觉得学会应付性骚扰才是关键，可是她不知道该怎样做……

说实话，对职场女人来说，被男同事想入非非或遭到男同事的性骚扰，这是再正常不过的事情。如果你的姿色、身材不错，那遭到性骚扰的可能性就更大。但是，如果你太过老实，那吃亏的肯定是你自己。这里的老实有两种表现：

第一种表现是老老实实地忍受。面对男同事想入非非的表现或骚扰，她们选择沉默。虽然内心不爽，但是出于对工作的重视，老实女人只好打掉牙齿往肚里吞，就像上例中的女士一样。值得注意的是，这种老实的回应态度，会使男同事误以为你默许了他的行为，他很可能会变本加厉地向你传递暧昧、骚扰你。所以，这种沉默回应、老实忍受的做法根本行不通。

第二种表现是直接、不留情面地说“不”。这种做法看似很强硬，其实也是老实女人的老实做法，要知道，老实人的最大特点之一就是说话直接，不给人留余地。虽说直接对男同事说“不”，可以使他的幻想破灭，但这种做法毕竟会让别人面子难堪。以后他很可能不再向你传达暧昧，但是他有可能在工作上给你制造麻烦，这对你在公司的发展是极为不利的。

所以说，以上两种老实做法都不太好，要想在不伤男同事颜面的情况下把对方拒之千里，最好的办法是要注意方式方法。下面是针对男同事常见的想入非非的表现采取的应对策略：

策略 1：不要随便把手机号码告诉男同事

手机是最常用的沟通工具，也是男同事向女人表达暧昧的最佳途径。当你发现男同事打听你的手机号码、QQ 信息时，很可能是他对你有意思的表现。所以，你要考虑清楚再把手机号、QQ 号告诉他。比如，你可以先把 QQ 号告诉对方，如果他继续索要手机号，你可以说：“QQ 联系也很方便，我下班从不接公司同事的电话，要我手机号也没啥用啊！”

策略2：不要回应男同事的示好信息

当男同事对女人想入非非时，他们最常见的表现是通过各种节日向女人示好。比如，情人节、圣诞节、光棍节等，男人会用心地给女人发暧昧短信，但这是醉翁之意不在酒，其最终目的是想赢得女人的心。如果你已经结婚或有对象，那么请不要回应这个男同事的示好信息。相信这样的情况发生几次之后，对方就会自动放弃对你的想入非非。

策略3：远离对你殷勤谄媚的男同事

有些男人天生就爱拈花惹草，见了美女就两腿发软，继而唯美女马首是瞻。所以，当你发现某个男同事对你殷勤谄媚，你随叫他随到，你就要小心了，他的举动足以表明对你有意思。如果你不想和对方搅和在一起，最好的办法是远离这种男同事，减少和他的来往。

策略4：聪明地提醒男同事的暧昧言行

在办公室里，有些男同事会有意无意地对女人说暧昧的话，开黄色玩笑。对于男性的这些不良言行，女人有必要及时提醒男同事，比如，你可以笑着说："这可是在办公室，说话不要太随便哦！"提醒的时候语气要温和，用词要委婉，态度要明确——我不喜欢你开黄色玩笑，这样不至于招致男同事的反感，又使男同事认识到你是个正经的女人。

策略5：保持工作环境透明

如果你不幸和男同事两人共处一个办公室，而这个男同事偏偏对你想入非非，言行不检点，那么，为了防止你被他骚扰，你有必要尽量让办公室的门敞开，这样也就少了被性骚扰的环境。值得注意的是，去领导办公室做汇报时，如果领导是男性，你不妨也把门开着，不要让他有可乘之机，这也是对自己的一种保护。

## 6 性别优势是女人不可忽视的一张王牌

虽说男女平等，但是在职场中，女性往往容易遭遇性别歧视，受到不公正的待遇。再加上婚育、家庭等客观因素的存在，导致女性在很多工作上不具有竞争优势。女性的劣势是客观存在的，但是作为女性，千万不能自卑，而要认识到自己的性别优势，好好发挥，这样你同样可以笑傲职场。

在人事、后勤等传统意义的工作岗位上，女性早已大展身手了，在其他领域甚至销售等以男性为主的行业中，女性也赢得了越来越多的掌声。可以说，女性在职场中的地位在不断上升。对女性而言，在工作中也应该自信起来，而不要老实巴交地听从男人的指挥和安排，轻易受到男人的意见和观点的影响。

一般来说，女性相比于男性，有以下一些独特的优势：

优势1：细微而敏锐的观察力

在职场工作中，离不开人际交往，离不开观察人的身体语言。在这方面，女人就擅长从人的姿态、举止、言行中察觉别人的内心。心理学家通过实验研究得出结论，女人的观察力强于男人，并把这一点归结为母亲的角色体验。因为婴儿在出生后的一段时间，母亲完全靠婴儿的啼哭、表情、动作等来判断婴儿的需要和情感，因而女性的观察力更加敏锐和细微，而男性则较为迟钝。

正是因为女性有细微而又敏锐的观察力，所以，女性在社交场合往往能从容应对，不至于陷入窘境。女性往往可以通过细微的观察，比如，从别人的衣着打扮、言行举止，判断对方的性格，捕捉对方内心的真实想法，从而采取相应的对策。

优势2：语言表达、沟通能力

在社交活动中，女性的优势非常明显，那就是女性的语言表达能力胜于男性。有研究证明，男性在说话时只使用左脑，而女性在说话时则左右脑同时使用。因此，在脑功能上，女性的语言天赋强于男性，比男性更善于与人沟通。因此，女性在营销、服务等行业较有优势，在与人沟通中容易给人一种感化力和亲和力。

不知道你是否发现，有些公司很大很有名气，但是老板却不擅长沟通，他们需要专业的职业经理人帮忙完成沟通，这包括与员工沟通，也包括与客户沟通。很多公司的人力资源经理是女性，这是因为女性擅长给别人讲道理，擅长做说服、引导工作。

优势3：缓解冲突

女性在与关系亲密的人交往时，往往更具有攻击性。不过，她们的攻击性表现在口头上，而不是肉体上。真正遇到矛盾冲突时，女性往往会选择息事宁人的策略，想尽办法化解冲突，缓解紧张情绪。某杂志曾刊登了一篇关于女警员的报道，文中指出，女警员化解冲突的能力名列前茅。文章还引用一位警察局官员的话："女性在心理攻势上表现得游刃有余……她们往往三言两语就能缓解冲突。"

优势4：打生场、开局面、拉关系

女性在打生场、开局面、拉关系方面的能力，明显强于男人。比如，女性新到一个单位，比男人更容易被接纳。尤其是那些年轻貌美的女性，更容易快速地融入群体，要不了几天，就会和大家混得很熟。姿色貌美的女性还很容易成为焦点人物，成为大家关注的重点。

与男人相比，女性在工作上比较容易出成果，除了那些尖酸刻薄的女强人，一般女人比较具有吸引力和凝聚力。尤其是当一个女人置身于男人堆中，她的举手投足都会受到男人的欣赏，工作上更容易得到大家的支持。因此，工作起来往往事半功倍，四两拨千斤。

与男性相比，女性在处理人际关系上，也非常有优势。尤其是那些相貌出众的女人，她们的出现和接近往往会让男人心花怒放，她们一句甜蜜的问候，一个忽闪的眼神，就能轻易俘获男人的心。难道你没发现吗？在职场饭局中，公司领导总喜欢带着漂亮的女员工去陪酒，为的就是发挥女性人际交往的优势，与客户达成合作协议。

当然，女性的优势还有很多，关键要靠女性自己去发现。所以，在职场中，女人不要自卑，不要太老实，不要甘当男人的助手和陪衬，而要善于发挥自己的性别优势，赢得良好的人缘，让自己在职场如鱼得水。

## 7 学会接受看不惯的一切

“她可真怪，怎么穿得这么难看呢？真是丢人！”“怎么会有这样的人呢？怎么看都不爽……”在你身边，你是否听到过这样的议论声呢？你是否这样议论过别人呢？很多时候，一旦他人的思想、言语、行为与自己不同时，我们就会表现出不理解，甚至产生反感，加以非议。

其实，这是一种狭隘的心理，是在用挑剔的眼光看待周围的一切。如果你每天这样，那么除了愤世嫉俗，不停地抱怨之外，你的好心情也会因为这副“有色眼镜”的存在而消失。

张梅和陶颖是同事，也是多年的好朋友。两个人有一个共同的兴趣，就是喜欢读书。可是张梅喜欢三毛的作品，而陶颖迷恋琼瑶的小说。对于她们的不同爱好，两人表现出不同的见解。陶颖认为这很正常，但张梅却对陶颖冷嘲热讽，她把琼瑶的小说批得体无完肤，并经常劝说陶颖改变读书兴趣。陶颖为此事没少和张梅争吵，最后忍无可忍，干脆与张梅绝交。

后来，张梅交了男朋友。恋爱初期，两人相处得很融洽，但是到了谈婚论嫁的时候，在新房的布置上，张梅强硬要求男友在所有的见解与审美观上与她保持一致。当男朋友表示异议时，她就认为对方审美观有问题，品位太低俗，眼光太土气了。男朋友被她攻击得体无完肤，最后两个人越闹越僵，最终男朋友人受不了她的刁钻，选择了和她分手。

生活中，有些女人天生散发着一股清高劲儿，凡事有自己的一套标准，有自己的一套做人原则。一旦别人的言行举止，不符合自己的标准和原则，就会鄙视、疏远甚至攻击对方。她们认为自己鹤立鸡群，那些不符合自己标准的人，根本不配和自己交流。

俗话说："人各有异。"每个人都有自己的审美标准和看问题的方式，因此对同一事物的看法也是有很大差异的，你习以为常的东西，别人可能觉得古怪；别人觉得惊奇的东西，你可能认为一文不值。对于这些不同，女人没必要看不惯，就算看不惯，也没必要去冷嘲热讽，因为伤了和气，搞得人际关系很糟糕也是不值得的。

要知道，世界是缤纷多彩的，世上的事物是复杂多变的。有些人喜欢鲜艳的色彩，例如大红大紫；有些人喜欢素色，例如清新淡雅。对此，聪明的女人一定要试着接受别人的不同。如果你总是挑剔别人，把自己的想法和审美观强加于人，只会让别人觉得你缺乏接纳和包容的心态，觉得你修养不够。

有句话说得好："水至清则无鱼，人至察则无徒。"当水太清澈时，鱼儿是难以生存的。当一个人对别人太严格时，她就会失去伙伴。所以，女人不应该太苛刻，看问题不要过于狭隘和严厉。否则，别人就害怕和你打交道，你就会因此失去很多朋友，失去丰富的人脉。

再说了，尺有所短，寸有所长。每个人都不是十全十美的，每个人都有优点，也有不足，人与人之间相处应该既要接受别人的优点，也要体谅别人的缺点，而不是求全责备。正所谓“萝卜白菜，各有所爱”，你讲卫生、爱干净，有的人却不太讲卫生；你喜欢安静，有的人喜欢热闹。不管你是对的还是错的，不管你看得惯还是看不惯，都要保持一颗宽容的心，不要随意批评别人。

如果你总是自命不凡，认为自己高人一等、强人一筹，瞧不起周围的人，看不惯周围的人和事，那么你就是最愚笨的人。因为你这样等于有意隔断与别人的联系，让自己陷入孤家寡人的境地。试问，一个没有朋友、被人孤立的人，还能在为人处世中如鱼得水、游刃有余吗？

有一位柔道冠军曾对他的学生们说：“要像杨柳一样柔顺，不要像橡树一样挺拔。”女人们，请学会接受你看不惯的人和事，这样你才能更好地与人相处。

## 8 想获得别人的好感，就别把精明挂在脸上

生活中，有这样一种女人：她们精于算计，爱争强好胜，觉得只有保持清醒、积极争取才不会吃亏上当。实际上这种想法大错特错，真正看起来精明的女人，往往不容易讨人喜欢，很难有一个好的人际关系。

更严重的是，这些看似精明的女人很容易成为男人的“玩具”，她们的精明最终换来男人的一颗假心。几番交手之后，落败的还是女人。

不是说女人不够精明，手腕不够高，而是因为男人没有那么傻，他们不会对一个时刻把精明挂在脸上的女人认真。

为什么会这样呢？因为无论是男人还是女人，都不希望看到别人比自己精明。正如英国19世纪政治家查士德·斐尔爵士对他的儿子所说的："要比别人聪明——如果可能的话，却不要告诉人家你比他聪明。"女人如果想获得别人的好感，就要牢记这句话，努力做到比别人聪明，但是不要告诉人家你比他聪明，更不要时时把精明挂在脸上。

曾馨莹是一个女舞者，2008年，她和台湾首富郭台铭喜结良缘。一时间，她引起了媒体的广泛关注，媒体关注的不是她的漂亮脸蛋，也不是她的性感身材，而是她为什么能在短时间内迅速赢得郭台铭的心，为什么能打败周围各色美人？

对于这个问题，很多人觉得不可思议。为什么她能突出重围，成为郭太太呢？用郭台铭的话说，就是：因为她身上闻不到钱的味道。

郭台铭的话一下惊醒梦中人，难道曾馨莹真的不爱钱吗？当然不是，只是她没有把"钱"写在脸上，没有把那点小心思、小精明写在脸上。所以，她才会让郭台铭觉得舒服，郭台铭才愿意娶她为妻。

纵观那些失败的女人，不是因为她们不够聪明，也不是因为她们魅力不够，而是因为她们心无城府，把一些小心思、小精明挂在脸上。比如，有些女人与明星、富豪交往，说白了就是冲着男人的钱去的，这样的女人不论何种男人见了都会胆寒。男人不是傻瓜，怎么会轻易让一个把"钱"写在脸上的女人成为自己的妻子呢？

曾馨莹懂得不把精明挂在脸上，最后赢得了大富豪的芳心。那么试问，如果普通女人懂得不把精明挂在脸上，是不是可以轻而易举地获得别人的好感呢？答案是肯定的，在普通的人际交往中，人与人之间涉及到的利益关系相比较于婚姻爱情中的利益关系少得多。因此，如果你懂得把精明藏起来，做一个有点傻的女人，即便是极品男人也会纷纷落马在你的脚下，更何况你只是想和别人成为朋友，这有什么难的呢?

作为女人，可以有野心，可以有心机，可以有精明，但是请不要把精明挂在脸上，藏在心里就好了。在与人交往中，少一点咄咄逼人，少一点争强好胜，少一点斤斤计较，你会变得更有魅力。正所谓温柔的女人可爱，平和的女人可亲，懂得装一点傻的女人有智慧，这种女人才是攻心的高手。如果你能做到这几点，那么你就会成为最受欢迎的女人。

# 第四章 为工作而生活，女人因事业而美丽

在一个极为传统的家庭内部，女人往往扮演着诸如此类的角色：好妈妈、好妻子、称职的厨师、敬业的清洁工……难道这就是女人们的宿命吗？不，女人一定别让男人小觑了自己。无论你是富是贫，都应该有一份工作，有一份事业。你完全可以骄傲地享受工作，以强者的姿态和男人共担责任、共担风雨，成为打不倒的“半边天”。

## 为工作而生活，女人因事业而美丽

有些人觉得女人应该以家庭为重，尤其是结了婚、有了孩子，女人就更应该持家、照顾孩子。然而，如今的社会，有各种各样的开支，仅靠男人一个人来支撑，显然是不够的，女人同样应该去工作，和男人一起支撑家庭。

当然，如果说女人工作只是为了帮男人分忧，那么男人可能觉得女人太小瞧他们了。其实，女人工作还有更高的追求，那就是实现自己的价值，让男人不再小觑自己。这样对女人赢得男人的尊重和疼爱，对维护家庭稳定有更加深远的意义。不信，就来看一个例子：

佩佳大学毕业后在一家公司认识了刘健，经过一年的恋爱，两人结婚了。之后，他们的孩子出生了，佩佳辞去了工作，在家照顾孩子。与此同时，刘健也辞去了工作，和几个朋友合伙在外地创业，自己做起了生意。

刘健每天忙于生意，无暇顾及家里的妻儿。虽然这段时间生活很困难，但是刘健和佩佳的感情却很好。经过两年的奋斗，刘健的生意慢慢步入了正轨，后来公司接了几笔大的订单，生意开始好了起来。之后，刘健买了房和车，把佩佳和孩子接了过去。

很自然，佩佳做了家庭主妇，每天接送孩子上幼儿园，操持家务。虽然不愁吃、不愁穿，但是生活非常单调乏味，她经常觉得心里空荡荡的。起初刘健表现还不错，每天忙完公司的事情，就回家陪佩佳和孩子。但是渐渐地，他和佩佳没什么可聊的，两人只是坐在一起看电视。后来，刘健索性借口工作忙，很晚回家，有时甚至不回家。

佩佳看出了丈夫对自己的冷漠，但是令她万万没想到的是，她的丈夫居然有了外遇。有一次，她到酒店去看一个朋友，无意中看见刘健和一个年轻美貌的女人亲密地从酒店出来。凭着女人的直觉，她知道丈夫有外遇了。后来，佩佳的猜测得到了证实，经过一番痛苦的思想斗争之后，她向刘健提出了离婚。

离婚之后，佩佳用以前攒的钱和平时刘健给她的钱来创业，做了一个著名内衣品牌的区域代理人。虽然她没有什么独特的能力，但是她勤奋努力，每天奔波于各家商场，了解市场，分析客户，费尽口舌推销产品。功夫不负有心人，经过半年的努力，佩佳的第一批货终于被商场接受了，而且卖得很不错。

在初步熟悉服装行业后，佩佳不再满足于小市场了，她决心走出去，把产品推向更广阔的市场。她的计划很快得到落实，产品在外地卖得也很火。这个时候，刘健对佩佳刮目相看，他之前以为佩佳离不开他，但现在不得不改变看法。他开始后悔失去了佩佳……

佩佳的故事告诉我们，一个女人只有拥有工作、拥有事业，才会令男人刮目相看，才会具有独一无二的魅力。也许你不能像佩佳那样拥有一份属于自己的事业，但是你一定要有一份职业；也许你的工作比较辛苦，一个月只挣千把块钱，而你丈夫很有钱，他劝你别上班，说你上班是找罪受，可你千万不要和他一样想，因为对女人来说，拥有一份独立的工作是必不可少的。

女人有了工作，每天有事可做，生活才会变得充实；女人有了工作，每天朝九晚五，可以和公司里的同事以及外界打交道，生活才会变得丰富多彩；女人有了工作，每天要出门，适当的着装打扮是必需的，这样女人才会变得迷人；女人有了工作，每个月都能领回自己的劳动所得，用这笔钱，女人可以给自己买化妆品，可以给丈夫买些礼物，还可以补贴家用，这样女人会活得有价值感和成就感。

在如今这个时代，女人不能再像旧社会那样，在男人的保护下生存，不能太过依赖男人，把一切生活来源都寄托在男人身上。女人应该骄傲而快乐地去享受工作，以强者的姿态和男人共担责任，共担风雨。这样女人才会更加美丽，更加迷人。

颜云大学毕业后，在一家网络公司负责网页设计、组织网站建设，还在网上做销售，业绩也比较好。结婚之后，她继续上班。

颜云的父亲经营乐器产品，在网络销售如火如荼的电子商务时代，他多次提醒颜云帮他建一个网站，通过网络销售乐器。在父亲的引导下，颜云萌发了创业的冲动，她给父亲的乐器产品建了一个网站，以乐器销售为主要业务。

一段时间后，网络销售的效益相当不错，于是颜云干脆辞去了原来的工作，告别了给别人打工的日子，全身心地和父亲经营乐器产品。没想到，他们的生意越做越火，后来颜云把丈夫也“拉下水”，成立了一个家庭公司。仅仅用了两年时间，他们就赚了近百万，顺利地在当地买了房子。之后，他们的干劲更足了，不但生意红红火火，而且两口子的感情越来越好，羡煞了很多亲戚朋友。

无论你是富是贫，都应该有一份工作，有一份自己的事业。这不仅仅是一项谋生的手段，也是生活不可缺少的一种追求，还是实现自我价值的一个重要途径。所以，女人一定要把握自己未来的方向，把自己的人生掌握在手里，千万不要因为家庭生活的琐碎而放弃工作。

工作使女人更美丽了，但也要注意，工作只是生活的一部分，而不是生活的全部。工作的同时，不要忽视了自己的家庭，也不要忽视了自己的身体。如果为了工作忽视了夫妻感情或把自己累趴下了，那就太得不偿失了。只有平衡好工作和家庭，女人才是最聪明的，这样的女人在男人眼里才会散发出迷人的魅力。

## 2 坚决不做职场“怨妇”

对于女人来说，爱抱怨仿佛是天生的，倘若现代女人把抱怨搬到职场上，那不仅不会博得同情，反而让人更加厌恶。

那么，与其成天抱怨碰到不识才的老板、小心眼的上司，又或是有人给你穿小鞋，经历同事间的种种矛盾，面对不公平的待遇，成为“怨妇”，不如趁早改变自己，这才是聪明女人的选择。

刘枚是某公司的小职员，来到公司也有一年了，但涨工资的苗头却一点儿也没有。看到别人拿着比自己多的奖金，刘枚总是跟身边的人抱怨：“成天累成这样，也没有多少钱，干个什么劲儿啊!”日复一日，话最终传到了经理的耳朵里。一次开员工大会，经理说：“我最近听到一些员工抱怨工资少，加班多，现在想进这个公司的人很多，如果你们实在适应不了，可以选择离职，如果你不想走，那就把事情做好，总之，我尊重你们的选择。”

此后，刘枚再也不敢抱怨了，而是踏踏实实地把自己本职工作做好。一年后，由于刘枚的出色表现，在年底的员工大会上经理当众表扬了她，并提到来年为她加薪。

当面对一切你所谓“不公平”的待遇时，倘若你选择了抱怨，沉浸在消极的情绪里，那么你所经历的这一切，对你的人生不会产生任何积极的作用，可以说你白白遭受了一场痛苦而一无所获，最后还给人留下一个职场“怨妇”的印象。

所以，你不妨换个角度想想，当你想抱怨工资低时，先想想自己处在什么职位；当你想抱怨加班时，先想想为什么在工作时间内我没有提早完成；当你想抱怨办公室温度低时，不如趁早为自己加件毛衣。

如果你想排解愤世嫉俗的情绪，想让自己心平气和，就不要抱怨，不要逃避现实。生活是主观的，多数人爱挑剔、爱抱怨，拒绝接受现实的遭遇，却不明白在自己满腹牢骚、激动的时候，更会作出错误的决定。

经常抱怨的人缺少一颗感恩之心，他们看不到生活慷慨的赐予。因为不愿付诸行动，不努力去改变现状，于是没完没了的抱怨就出现了。长期的抱怨情绪，会使自己迷失前进的方向，使自己处于烦躁而消极的状态。

对于一个组织来说，抱怨更是不可接受的情绪。抱怨不但磨损每个员工的士气，降低工作效率，而且是一个组织的腐蚀剂，把员工的思维方向引入歧途，最终会形成一个黑洞，吞噬企业本身存在的良好气氛。

管理学家指出企业存在正式组织和非正式组织两种不同形态，而抱怨情绪通常会从非正式组织发源，不断蔓延和渗透，最终如同染色剂一样把公司本身存在的良好气氛改变，让企业大力宣扬的企业价值观成为虚设。而在现在这个商业环境日趋复杂，企业员工协作无比重要的时代，过多抱怨最终会埋下无穷隐患。

所以，永远不要带着抱怨的情绪面对生活，即使生活给予你的是艰难与困苦。改变人生的态度，你就一样可以将它们踩在脚下，提升自我。抱怨并不能改变一个人的命运，只能使人更加颓废；抱怨只能繁衍过去的不幸，加重人的负面情绪和不满情绪。抱怨已不只是人性的迷茫，更是人性的溃疡。不要抱怨太多，不要盲目地去羡慕别人，“与其临渊羡鱼，不如退而结网”，放下抱怨开始行动，耕耘好自己的一方田地，才能收获精彩的人生。

抱怨终究不是办法，乱抱怨、瞎抱怨更是无聊透顶，哪个上司会喜欢这样的你呢？那么赶快摆脱你职场“祥林嫂”的形象吧，何不做一个优雅的女子，何不换一种思维方式，把抱怨换做你行动的动力，也许抱怨背后的那种思维会带给你更深的体会、更美好的职场心态。

## 3 付出才有回报，做事就要兢兢业业

有一部分女人工作从来不尽全力，尤其是现在的一些年轻女人都娇生惯养，即使踏入社会，走上了工作岗位，还是不会主动去拼搏，更不用说全力以赴了。

虽然如此，在她们懒散的行为下却还有一颗充满理想的心，她们整天做着不同的美梦，可能是幻想某天可以成为人人惊羡的女老板；也可能希望自己突然中了彩票，成了富婆；还有的做着有朝一日能嫁入有钱人家的“白日梦”……这是时下许多年轻女孩的通病。也许有梦想是好的，但是前提是这些梦想能够激发我们的斗志，让我们愿意为之努力拼搏、全力以赴。

那些所谓的女强人们，没有谁的成就是坐等而来的，更不是幻想得来的，她们的成功都是一点一滴的心血和汗水拼凑起来的。

撒切尔夫人说：“我将每一分钟看作 60 秒冲刺赛。”为了自己的政治梦想，撒切尔夫人结婚后开始攻读法律，因为知晓法律在参选议员时有很大的作用。在 1953 年，也就是她的双胞胎儿女出生的那一年，撒切尔夫人成功取得了当律师的资格。

在作为在野党预备内阁人士时，撒切尔夫人不断搜集数据与信息，最终以无法反驳的语言击败了对手。后来，为了保守党领袖的竞选，撒切尔夫人马不停蹄地到全国各地进行演讲，在此期间，她每天总是早上 7 点起床，一直忙到次日凌晨两三点钟才就寝。

在英国，当选的首相在一般情况下会在一昼夜间公布其新内阁 22 名成员名单，否则的话就会被视为不正常。为此，撒切尔夫人在入主唐宁

街的第一天，就必须要全力以赴地完成这一项艰巨的任务，她以惊人的工作效率，仅用一个周末的时间，就把22名阁员和约60名阁僚任命完毕。

这就是撒切尔夫人，不管她做什么工作，都会拼命付出，全力以赴做到最好。而跟撒切尔夫人具有同样品质的美国女政客希拉里，对自己的梦想和工作也是毫不懈怠。

1998年秋天，希拉里开始考虑竞选纽约州参议员。她全身心地投入到了紧锣密鼓的竞选活动中去。她周游美国，足迹遍及全美20个州，参加了大约50场募捐会议，在34场群众集会上发表演说，募得了上千万美元。这看起来有点疯狂，但是却是英雄般的疯狂。

克林顿曾在电视采访中说道：“希拉里什么工作都做得来，我在政界找不到比她更能干的人，包括我自己在内。她甚至曾打算不参选参议员，她在竞选问题上是十分矛盾的，可无论她接手什么工作，她都会全力以赴做到最好。”

不要认为自己是女人，就可以放弃拼搏，就算是女人，也应该堂堂正正地靠拼搏和付出立足于天地之间。如果你不是天生含着金汤匙出生的有钱人家的公主，那么你除了拼搏和奋斗，没有其他的选择。你要相信，只要你愿意付出汗水，总有一天你会得到回报的。

钟革惠是深业地产公司市场营销部经理，她从事房地产行业已有13个年头，经历了房地产市场的数次高峰与低谷，品味了其中的酸甜苦辣，但她却以感恩之心享受着工作带来的快乐。“居者有其屋”是大多数人的梦想，房地产工作正是实现大家居住的梦想，创造宜居的城市居所。中国的房地产市场不断地走向成熟，而钟革惠也从稚嫩走向成熟，逐渐具备与团队一起行动的协调性，乐观地接受，不懈地努力去实现心中的梦想，通过工作使人生丰富多彩。

13年的地产职业经历让她深深体会到，从事一项工作需要激情与能量，能量能激励自我，燃烧激情。能量的来源是热爱本职工作，无论从事什么岗位，只要全力以赴地去干就能产生成就感与自信心，就会产生向下一个目标挑战的积极性，在这个过程的反复中会更加热爱工作。

也许有很多女人会想：我运气没有别人好，我也不够聪明漂亮，何必还要那么辛苦去争呢？这种想法是极其错误的。因为每一个光明的前途，每一份事业的成功都是女人拼搏出来的。女人们一定要相信付出才会有回报，幻想是不可能实现目标的。只有经历过汗水的浇灌，成功之花才会开得越发艳丽。

## 4 爱上你的工作，但最好不要爱上你的老板

女人进入职场后，大部分时间都是在办公室度过的，这里不乏很多精英人士，让你崇拜、羡慕，甚至是爱。尤其是遇到人品才气俱佳的上司，与上司有关的办公室恋情就有可能发生了。

故事的起因往往是浪漫的，也许在你面试的当日，他就给了你颇有好感的一笑；又或者，在你走进办公室的那一刻，你就与他心有灵犀，暗送秋波。但最后好梦成真的终归是少数，多数人还是那些痴迷的失落者，在伤痛里缅怀逝去的爱情，直到梦醒后才明白，原来那不是爱，不过是爱的错觉。所以，女人可以爱上你的工作，而老板，还是保持距离的好，否则到头来你什么也得不到。

已经28岁的许嫣找到大自己两岁的学姐哭诉着：“我当初要是听了你的话，也不至于现在弄得‘伤痕累累’。”原来，许嫣刚工作的时候，已经工作了两年的学姐就给了她这样一个建议：爱上一个什么样的男人都可以，但千万不要爱上你的老板，特别是已婚老板！当时，许嫣并没有当回事，还乐呵呵地说：“姐你想得真多，我才不会犯这样低级的错

误呢!”但多年以后，她真的就爱上了自己的已婚上司。

第一次见到他时，这个中年男人的那种成熟与稳重，便深深地吸引了年纪轻轻的许嫣。后来的工作期间，许嫣发现自己的上司无论是在外应酬，还是在操持公司内部的事物时都有一股难以抵挡的魅力。渐渐地，许嫣对自己的上司产生了迷恋。如果哪一天他不来上班，许嫣便有点魂不守舍，而当他出现在公司的时候，许嫣的眼神里便有了异样的光彩。

一次出差，让两人的关系发生了巨大的转变。根据总部的安排，他们先做了一个工作汇报，接着便要参加一个大型晚宴。许嫣当然不会放过这个在上司面前展示自己的机会，她准备了一套性感的晚礼服，并且希望在今晚能发生点什么。一切如许嫣料想中的那样，两人在觥筹交错中晕眩，自然而然地发生了本不该发生的一切。第二天醒来，许嫣的上司道歉说自己没有办法给她一个未来，而这时的许嫣早已被爱情冲昏了头脑，不顾一切地扑向了对方的怀抱。

两人就这样从女下属与男上司的关系迅速转变为了“情人”关系。可就在许嫣还沉浸在自以为是的幸福中时，情人上司却因为被调到了公司总部而渐渐不与她联系了。痛苦万分的许嫣后来才得知，这是他自己极力要求的，目的就是摆脱自己。许嫣后悔已经晚了，这期间她付出了一切，甚至为了他打过胎，可这终究受伤的还是自己。

办公室是发展事业的地方，你大可放心地去爱上你的事业，因为它终会给你想要的回报；而爱情，还是别谈得好。他再英俊、再温柔、声音再有磁性，请你别看在眼里、爱在心上，尤其别爱上有妇之夫。不要爱他，更不要想他，不要对他的体贴照顾心生诸多牵挂，他不能给你结果，也不能给你承诺，爱来爱去白白受伤不算，还影响前途大好的工作。行业圈子有些流言蜚语，你避不开躲不掉，只能换个行当重新开始。

女人应该明白，真正属于你的爱情，不是与另一个等待着他回家的女人共同分享一个男人。千万不要盲目地扑向已婚上司的怀抱，女人啊，请先爱自己，先周全自己，把自己的职责任务理清楚了，再去利用8小时以外的时间。爱情是一场战争，你可以付出你的心、你的情，但是，请保留一定的底线。

## 5 学会和不喜欢的同事相处

女人总是容易冲动，习惯把喜怒哀乐表现在行动上。平日里，如果我们遇到了不喜欢的人，可以对他采取不理睬的方式，更甚者会直截了当地告诉他："我讨厌你！"大不了对他说"拜拜"就是了。然而在职场中，我们不可能因为自己不喜欢这个人，就让他走开，当然更没必要因为他，而放弃自己好不容易打拼下来的事业。所以，这时的我们，就必须学会与那些不喜欢的同事相处。

倩倩是一家公司策划部的职员，最近在工作中一直情绪低迷，甚至每天都不想上班。这是为什么？原来倩倩要和办公室里人品极差的一名同事王敏合作一个项目，这个人在办公室里不是想控制别人的工作，就是要指使别人为她服务，是公司绝对的"刺头"。这件事着实让倩倩头疼。

倩倩常向她的朋友们抱怨此事，朋友们则建议她不妨先试着与王敏交往一段时间。但在倩倩看来，那是万万不可能的事情，倩倩觉得王敏的人品不好，根本不值得交往。于是朋友们再次对倩倩说：你也许很讨厌王敏，但你需要完成你的工作计划，王敏现在是你的同事，你就得包容、忍耐，记住，人品和工作完全是两码事。听了朋友的话，倩倩开始试着对王敏和善起来，甚至主动提出与她一起吃饭。慢慢地，两人的合作越来越顺利，工作进度也加快不少，受到了上司的称赞。

其实同事不用一定变成朋友，讲究的只是合作。有时候他们的所作所为、行事说话并不是我们喜欢的，甚至非常讨厌。比如，女同事有时会说一些尖酸刻薄的话来刺激你；几个男同事会围在一起，讲一些黄色笑话，完全忽视了你的存在；又可能领导今天无缘无故地就冲你发脾气，等等。当遇到这种情况，我们要尽可能礼让、容忍，没必要引起冲突，搞得像仇人一样。当然，如果他们的所作所为着实侵犯了你，或者与你的利益发生冲突时，我们也要学会适当的防范与反击。

对于那些笑里藏刀的人，表面上跟他维持友好关系，但暗地里却要防范他，一切与他有关之公事决策汇报均要召开会议，并请来有关人等出席；其他公事上的情报则一律采取避而不谈的策略，同时与他的交往只限于公事，个人隐私甚至其他同事的是非一概守口如瓶，只要凡事有所保留，他便无法向你下手了！

至于爱挑拨离间的人，最佳方法是在工作时间以外跟他保持距离，并切记言行要谨慎，避免有任何“痛脚”给他抓着，可能的话，大可连同其他同事一起孤立他，令他变得势孤力弱。

碰到好生事的同事，切莫提意见或妄下断语；要是事件与你有关亦只宜保持低姿态，所有公文必须依足手续，要作报告的话，好好将事件始末以白纸黑字呈报上级，是与非就由他去裁决好了，当然别忘了维持你的风度，事后也应保持缄默。

其实人的好坏没有那么明确的划分，也许就因为发生了一点小矛盾，你就决然地把他列入了“黑名单”，难免会有些草率。多想想身边人的优点，你也许会发现，某某今天做的事让我这么讨厌，但我刚刚进公司的时候，还是他帮助我解决了一些困难……如果你总这样想、这么做，你就会发现其实身边还是有很多可爱的人，我们没必要对他们抱有那么大的敌意。

都说女人是水做的，有时却拥有火一样的脾气。有句话说：“上善若水，水善利万物而不争，处众人之所恶，故几于道……”其实这句话同样适用于职场。学会以微笑示人，即使是对那些你不喜欢的人，你会发现包容和尊重才是对他们最有力的回击。

## 6 站队是一门很深的学问

职场中看似一团和气，实际上时刻充满了明争暗斗，这就是职场政治。职场政治总是风云变幻，无论你处在什么位置，无论你在公司是什么样的角色，你都逃脱不了职场政治的影响。

或许你只是一个一线员工，根本参与不到争执角逐中，但是你身上有独特的能力和价值，可以让政治角力中心的大人物对你有所期待，他希望你站在他的队伍里，增加他的竞争力。当然，即便你对他没有多大的价值，但像你这样的小兵小卒凝聚在他的周围，也会增强他的力量。关键时刻，有小兵小卒的投票，他也多几分胜算。只要他升职了，你自然不会吃亏。

小萍毕业后，在一家私营企业做行政文员。虽然待遇不是很高，但能接触到各方面的工作，对她是一种很好的锻炼。小萍的直属上司是两位副董事长。张总年轻有为，做事果断，给公司赢取了不少商机，很受董事长器重；王总年长稳健，做事得体，曾力排众议阻拦了几笔看似利润可观的业务，但最后证明他是正确的，避免了公司受到经济损失。两人各有千秋，共同管理公司事务。

起初，小萍很庆幸自己遇到了这两位上司，可是时间久了之后，她发现自己身陷困境。一天早上，张总对小萍说："公司的后勤管理很乱，原因是缺乏有效的管理制度，你结合公司的具体情况，起草一份制度，等董事长回来，到时候会讨论你这个制度的可行性。好好起草，这是对你工作的一种考评！"

张总的身影刚消失，王总就神秘地出现在小萍跟前，他对小萍说：

“张总是不是让你起草规章制度？还说是对你的一种考评，对吧？”他的话让小萍大吃一惊，心想王总是不是偷听了刚才张总和自己的对话。

没想到，王总不屑地说：“年轻人，别瞎想了，不懂得咱们公司这潭水有多深，前几个文员都是这样被裁的。”小萍一听就急了，说：“那我该怎么办呢？”

王总朝周围看了一眼，快速递给小萍一叠文稿。“这是董事长对后勤管理提出的建议，你照着这个意见起草后勤管理制度就可以了。”小萍感动得眼泪都要出来了，连声道谢。王总小声地说：“不用感谢我，我帮你，只是不想让小人猖狂。”

果不其然，当小萍按照董事长的建议制定出后勤管理制度时，董事长看完非常满意，给了她很高的评价。老实的小萍不想埋没王总的功劳，很坦然地对董事长说：“多亏王总指点我，我才能把这个后勤制度做好。”

此话一出，小萍就意识到不该说，她偷瞄了张总一眼，发现他的表情不太高兴，嘴角不自然地翘起，有一种明显的讥讽。董事长笑着说：“难怪做得这么好，原来是有老师指教啊！不过也好，不懂就要问嘛，好好学习，才有进步。王总做得对，积极培养新人，这样公司才能发展更快。”这一刻，王总的脸上浮出得意的神色。

这件事之后，张总对小萍明显生分了一些。小萍知道自己不小心得罪了张总，而且经过她暗中观察，发现董事长其实更器重张总，于是开始有意识地针对张总的喜好来表现，给了张总很大的支持，慢慢赢得了张总的信任和好感。后来，王总被董事长辞退，张总向董事长建议道：“以前是两个人工作，有人分担压力，现在只剩下我一个人，我想让小萍做我的助理。”董事长答应了，从此，小萍的地位有了质的飞跃。

说了不该说的话、得罪了张总，老实巴交的小萍终于开窍了。经过一番深入观察，了解到张总才是董事长的心腹之后，小萍果断地站到了张总的队伍里，最后在公司也获得了很好的发展。可见，在职场也要学会站队排队，千万不能站错了队伍，否则倒霉的是自己。

或许有些老实女人会说：“我就想做独行侠，只想保持中立，不想拉帮结派。”这种单纯的想法在职场根本行不通，因为有些事情你没法不参与，如果你事事回避，那么你注定会被孤立。所以，为了生存，你不得不开始学得聪明一点，给自己找一个靠得住的保护伞。

身在职场，再老实的你也希望有安全感，有可以依靠的靠山。这就要求你像小萍一样，在看准不同队伍之间的实力和未来趋势之后，果断地偏向于某个人物，跟他走得近一些。这样在你遇到困境的时候，你才可能得到“头儿”的庇护；在他获得晋升的时候，你才可能得到提升。这是职场政治强加给你的“规则”，你只有适应、遵循这样的规则，才能在职场走得更远。

## 7 与男同事相处，注意保持最佳距离

职场就像一个大染缸，能把白的染成黄的，把黄的漂成黑的，老实女人一不小心，就背上了种种莫须有的罪名——暧昧，使女人的形象大受影响，在职场举步维艰。那么，如何才能避免暧昧事件发生在自己身上呢？其实关键在于和男同事保持适当的距离。

俗话说：“距离产生美。”距离既指空间距离，也指心理距离。在小小的办公室里，要与男同事保持恰当的距离——既不要和他们靠得太近，也不要和他们聊得太亲，这样才能远离“搞暧昧”的罪名。

现实中，有两种老实女人，她们在与男同事相处的时候，对待“距离”的看法是这样的：

第一种老实女人，就像古代女子一样，生怕与男同事发生肢体接触，

总是躲着男同事。比如，说话的时候，站在离男同事较远的地方；递文件的时候，生怕男同事的手接触到自己。这种女人死板、传统的表现，会给人留下难以亲近的印象，不利于她们维护好自己的人际关系。

第二种老实女人，她们生性率直，从来不把男同事当男人看，而是把男同事当同性看待，和他们有说有笑，打成一片。甚至男同事与她们勾肩搭背，她们也丝毫不反感。这种女人其实内心非常单纯，但是由于她们没有把握好与男同事的距离，很容易给男同事造成误会，从而被卷入暧昧之中，还会受到同事们的非议。

在这个两性工作交流频繁的时代，男女同事之间需要交流工作，需要搭配工作，这样才有助于提高工作效率。因此，我们既不提倡不和男同事接触，因为过分拒绝和异性相处，不仅不像个现代女人，还会妨碍你职场角色的扮演；我们也不提倡和男同事打成一片，毕竟女人始终是女人，就算你内心再单纯、再怎么没有杂念，也应该和男同事保持恰当的交际距离，以免犯忌。

美国加州性关系学会副主席基辅尼斯曾经说过："我们不打算把工作场所的两性关系立法。两性可证实我们的身份，而且也不可能工作时彻底杜绝两性关系问题。"承认男女之间日久生情是一回事，在行动上保持距离又是一回事。与男同事保持最佳距离，女性需要注意以下几点：

第一，着装要适度。

某保险公司21岁的女秘书穿着短裙上班，被上司批评："你要为你的穿着负责，你穿这么短的裙子，难道不是在对办公室里的异性发出信号：'看看我'吗？"这个例子不是说女人不该穿短裙，而是要注意穿着适度。《工作场所的性骚扰》一书的作者苏珊曾表示，"女人没必要掩盖女性曲线，但是在工作场所的着装不应该是带有挑逗性的"。

第二，说话要谨慎。

在办公室里和男同事交流时，女性要注意用词，切忌和男性一样用粗俗、不文明的词语交流。这并不是说男性天生喜欢用粗俗、不文明的词语交流，而是说男性不那么注重细节，说话比较率真。同时，要避免和男性开两性关系的玩笑，面对男性开的黄色玩笑，女性应该聪明地说“不”。

第三，注意身体发出的语言。

非语言交流的专家们通过研究发现，男人会把女人的25种姿态视为挑逗性的动作，比如，撩头发、直视男人的眼睛、用手摸胳膊、微笑、碰一下男人、把大腿架起来又放下，等等。所以，女人在与男同事相处时，尽量避免表现出挑逗性的动作，以免激起男同事的邪念。

第四，与男同事保持交往密度。

有些女性在下班之后，依然和男同事一起从事娱乐活动，比如，吃饭、约会、游玩，等等，这种过于亲密的交往很容易使男女产生暧昧之情。其实，恰当的做法是公事公办，在公司与男同事保持协作关系，在工作之余，尽量少和男同事往来。

第五，举止不要过线。

某公司的女职员生性豪放，一天，她得知自己的业绩在公司排名第一，兴奋地拉着一位关系不错的男同事的手欢呼雀跃。这一举动引起了那位男同事的误解，也引来了其他同事的非议。类似这样的举动，女性一定要注意避免。因为男女授受不亲，随意的肢体接触会损害自己的形象，还容易引发不必要的误会，最好还是免了吧！

## 8 为工作而生活，不要为了生活而工作

我们应该带着极大的热情投入到工作中去，把工作当成一种享受，而不是一种负担。可以说，工作的过程就是学习的过程，就是自我积累

知识的过程，只有自己的专业知识技能提升并真正转化为了经验，自己的个人价值才能够被认可。

撒切尔夫人曾坦诚地描绘自己的工作热情："我的生活是我的工作，有些人为生活而工作，我是为工作而生活。"英国政坛老手、撒切尔夫人麾下的核心人物威廉·怀特洛曾评价撒切尔夫人："她的工作精力十分惊人。如果谁认为女人不具备男人那样的精力，那他就大错特错了。撒切尔的精力比男人还要旺盛。工作一天下来，当周围的人都累得精疲力竭时，她仍然精神抖擞。"撒切尔夫人的热情里往往包含着巨大的能量，这些能量使她突破了常人的极限，使不少强有力的政客也望而生畏。

我们一定还记得刚出来工作的时候，怀着未酬的壮志，揣着对未来美好的憧憬，心中燃烧的激情让我们感觉自己浑身有使不完的劲。我们从不会迟到早退，不在意自己拿的是最少的工资，总是争抢着去干又脏又苦的活，我们相信我们的付出一定会赢得回报。

的确，如果我们的激情能够持续下去，那么我们所得到的回报一定会超过我们的预期。但是遗憾的是，杂乱琐碎的工作渐渐黯淡了我们热情的双眼，单调枯燥的日子一点点湮灭了我们内心激情的火焰。

本来是自己向往已久的工作，做了一段时间后，慢慢就失去了活力、激情和斗志。感到无法承受现在的工作压力，不能胜任现在的工作，觉得自己的思想就像被吸光了一样，毫无灵感，心情也变得极度烦躁，经常感到疲倦，对什么都不感兴趣。

高美是一名普通的人民警察，女警察在外人看来很酷，其实，压力非常大，每天要面对的就是犯罪、流血。通宵值班是常有的事情，单位平均每名警察每周值班两天，一值就是整整24个小时。还有，随时要准备应付突发事件，第二天休息两三个小时，又马上连轴转了。高美形容自己是个没有心的永动机，因为很多时候她都是在机械地处理工作，值晚班、做笔录、抓小偷，等等。

在人们心目中，警察就是所有人的保护神。但是，高美再也不像刚上班的时候那样为此感到自豪了。她现在最害怕有人喊她女警察。她觉得“警察”这两个字，自己已经承受不起了。有时候，她甚至想离职，换一份轻松点的工作。

所有的工作都是枯燥的，即便是当初让你热情四溢的工作，也会随着时间的推移，慢慢变得千篇一律，索然无味。比如，今天，让你拿着公司的大印往一份份文件上盖章，你会觉得新鲜刺激极了，甚至会让你错认为自己就是什么权力倾天的大人物，为此还暗自得意。但是，让你天天重复这一动作，一天两天、一周两周，如果你还能忍受，那么，半年一年，可就够你受了。工作内容的单调、枯燥、乏味，吞噬了很多人的工作热情，让他们感觉到自己就像一台重复工作的机器，已经不知道喜怒哀乐为何物。

失去了激情，工作也就成了“食之无味，弃之可惜”的鸡肋。如果让此种情绪持续下去，那么你在职场的未来也会变得越来越模糊。只有那些善于从重复枯燥的工作中发现乐趣的人，才能激发出内在的工作动力，从而取得一定的成就。

其实工作就是一个不停重复的过程，在这个过程中，女人要学会思考，认清自己的态度。人活着不是完全为了钱而活着，要把挣钱的过程看作生活快乐的标准。

各行各业，凡是成功者，他们从不把工作当成工作在做，而是将其视为一种长久以来的兴趣驱动。快乐其实是一种习惯，不管环境怎么变化，不管工作有多么繁琐和重复，我们追求快乐的决心是不会改变的。当我们能换一种心态去看待自己的工作时，热情就会像泉水一般，源源不绝。

把工作看成一种爱好，你才会发觉：其实工作并没有那么多的繁琐和重复。只要让自己保持对工作的热情，你就能把工作做得更好。

兴趣是最好的老师，它让我们全身充满热情和动力，并赋予我们一种无形的力量。从现在起，把你的工作变成你的最爱吧！这样，你不仅可以拿出更大的热情投入工作，还可以享受沉醉在兴趣和爱好之中的乐趣。

# 第五章 聪明女人不依赖人，但懂得利用人

好莱坞流行一句话：“一个人能否成功，不在于你知道什么，而在于你认识谁。”这不是一个靠单枪匹马就可以打天下的时代，一个女人再有能耐，力量也是渺小的，就如同大海中的一滴水，难以掀起万重浪。有句话说得好：“有人脉成功就像坐电梯，没人脉成功就像爬楼梯。”只有善于结交人脉、借助别人的力量，才能最快到达目的地。

## 1 “攀龙附凤”——女人的人脉必修课

自古以来，对富人的巴结，对成功者的讨好，对权贵者的逢迎，就是人性的通病。虽然说起来不怎么好听，做起来不怎么好看，但不可否认的是，攀龙附凤是我们在这个复杂的社会中生存下来、顺利地走向成功的重要途径。因此，老实女人无需抱怨什么，也没必要指责那些攀龙附凤的人，相反，在有些时候还必须学会攀龙附凤，这对自己是有好处的。

其实，攀龙附凤往好的方面说叫“借力”，借用别人的名气、智慧、权势、资源等等，来帮助自己完成目标。毕竟很多时候，个人的能力是有限的，必须借用别人的智慧。无论是在商业中，还是在官场中，亦或是在职场中，“攀龙附凤”都是必不可少的。下面这个故事对老实女人非常有启发意义：

几年前，有位名叫布杜拉的土耳其人，他本来是个穷困潦倒的人，但是由于他善于攀龙附凤，不但有了许多名人朋友，还把自己变成了一个百万富翁。他到底是怎么做到的呢？

说来也很简单有趣，他把很多世界名人的照片放在自己的签名簿里，再模仿名人的笔记，把名字签在照片的下面，然后他拿着这个签名簿浪迹天涯，专门拜访工商巨子和知名富翁。

见到名人之后，布杜拉就说：“我是您的仰慕者，我从千里之外的土耳其来拜访您，就是为了得到您的一张照片，放在这本世界名人录上，再请您签上大名，我们会给您加上简介，等它出版之后，我会给您寄一册过来。”

这些人都是有钱人，又喜欢摆阔，又爱面子，听到布杜拉这么说，他们觉得自己能跟世界名人排在一起，便感到风光无限，所以，他们会毫不犹豫地给布杜拉一些钱，多则几千美元，少则几十美元。因此，布杜拉除了得到名人的照片、语录和签名之外，还顺便获得了财富。把这些钱累积起来，布杜拉共计收入500万美元。

布杜拉是聪明的，他通过一本签名簿来向富人借力，在这个过程中，他不但抬高了自己的身价，还满足了富人的虚荣，同时又获得了自己想要的财富。由此可见，聪明的攀龙附凤并非低三下四的祈求，相反，它是一种艺术，是一门学问，是可遇不可求的赚钱方式。

对于涉世不深，或者老实做人的女人来说，学会攀龙附凤显得尤为重要。因为很多老实女人一生老实，宁愿受苦受累，也不愿意多说一句好话，迎风拍马，到头来，累死累活，却过得不如意。何苦这样呢？所以，如果你想出人头地，就一定要学会“势利”一点、世俗一点，这样才能突破人脉的局限，扩大自己的交际圈。那么，怎样攀龙附凤呢？

第一，了解别人的关系网，做好外围的工作。

任何一个人都有自己的关系网，如果你想和某个人攀关系，就必须先了解他的关系网，做好外围的工作，比如，他的身世、他的社会关系（同乡关系、亲属关系、朋友关系、职场关系等）、职业、个性特点等。掌握了这些信息以后，鉴于你与这个人没打什么交道，你可以采取“曲线救国”的策略，让熟悉那个人的朋友把他带出来，比如出来吃饭、KTV、开Party等，于是你就有机会和他打交道，从而和他建立联系。

第二，采用委婉自然的方式，牵动旧情。

与你想结交的人打交道时，拉关系必不可少，但是拉关系不能生拉硬扯，本来没有亲戚关系，非要扯出亲戚关系；本来和对方的某个朋友没有交情，却偏要编出和对方情深意重。这样很容易引起对方的反感和鄙视。

聪明的女人在拉关系的时候，应该循循善诱、顺理成章，委婉自然，给人一种“不经意提起，却一语中的”的感觉，从而牵动对方的旧情，甚至让人在旧情旧事中沉醉。如果你能把关系拉到这个份上，还愁和对方成不了朋友吗？

第三，讲究场合，到什么山上唱什么歌。

攀关系要注意场合，在众目睽睽之下，不便与别人攀关系。因为在这种场合，谁愿意公开自己的身世和社会关系呢？相反，你还会给别人留下一种多事、多情、巴结人家的丑恶嘴脸。所以，要想和别人攀关系，不妨在私下拉家常、唠闲嗑的时候，或在酒桌上小酌两杯，在茶余饭后散步的时候，在这些类似的场合里，攀关系最容易打动人家的心。

第四，讲究攀关系的方法和艺术，见什么人说什么话。

攀关系要注意方法和艺术，必须学会见什么人说什么话。只有懂得这一点的女人，才会通过投其所好赢得别人的好感。比如，你想和某公司的一位高层领导攀关系，假如他是一位特别顾家的男人，你和他攀关系的时候，不妨多聊聊家常；假如他是一位篮球爱好者，你不妨和他从聊篮球开始；再者，由于他是公司的高层管理者，对行业内的信息特别重视，因此，如果你发现他的竞争对手有什么风吹草动，你可以把这个信息转告给他，不知不觉成为他的情报人员，赢得他的好感。由此可见，要想和别人攀关系，就要善于捕捉对方的心理需求和兴趣爱好，学会投其所好。

## 2 愚蠢的女人才会认为“一切靠自己”

莎士比亚曾说过：“愚笨的人往往认为自己很聪明，而聪明的人却一直认为自己很笨。”自以为聪明，认为一切可以靠自己，这是老实女人的致命弱点。之所以说它是弱点，而不是称其为“自信”，是因为在现实中，很多事情单凭一己之力，根本无法做成。如果你过于固执地单打独斗，势必会以失败而告终。就像下面这个故事讲的一样：

从前，有位长者见到两个饥饿的人，给了他们一根鱼竿和一篓鲜活的鱼。其中，一个人要了鱼竿，另一个人要了一篓鱼。然后，他们分道扬镳。得到鱼竿的人加快步伐，想快点找到垂钓的地方，可是路途太遥远，他体力不支，最终饿死了；得到鱼的人迫不及待地在原地用柴搭起篝火，把鱼烤着吃了。由于他太饿了，因此，他居然一口气把所有的鱼都吃光了。吃完鱼后，他依然没有办法维持生计，最终没能逃脱被饿死的命运。

每个人的能力都是有限的。当你力量不够时，学会借用别人的力量是再正常不过的事情。要知道，当别人力量不够时，他也会借用你的力量或其他人的力量。这样大家才能相互支持，相互帮助，取长补短。就像筷子一样，一根筷子轻易就折断了，十根筷子在一起就很难折断了。这就是团结的力量。如果上面两位饥饿的人懂得合作，或许命运会大不一样。

美国加州的红杉是世界仅存的植物中最雄伟壮观的。它的高度在300公尺左右，相当于30层楼那么高。科学家经过研究发现，红杉的树根扎土并不深，理论上讲，扎根不深的高大植物无法抵御大风，但是红杉为什么能抵御大风呢？原来，一大片红杉的根部是彼此紧密相连的，一株接着一株。这样，再大的飓风也无法撼动成千上万棵红杉。

另外，浅根红杉之所以能长得如此高大，与它扎根的地表也有很大的关系，因为地表有丰富的水分和营养物质，使得红杉快速吸收，茁壮成长。同时，红杉不用耗费过多的能量往下扎根，而是把能量用于向上生长。

神奇的造物主通过红杉告诉我们一个重要的生存道理：要想茁壮成长，就要广泛地借力，而不是单靠自己一个人。一个人的能力是有限的，即使你埋头苦干，拼命钻研，也难以取得傲人的成功。而要像红杉那样和别人建立联系，与别人达成合作，如此才能创造屹立不倒的丰功伟业。

俗话说："一个篱笆三个桩，一个好汉三个帮。"每个人成功背后，都有一群人支持着自己。比尔·盖茨并不是靠自己一个人成为亿万富豪的，李嘉诚也非靠一己之力成就商业帝国的，就连三国时期的一世枭雄曹操，手下也有一大帮文臣武将帮忙。

纵观古今中外，再伟大的英雄也少不了小兵小将的支持和拥护。而素有“三国第一高手”之称的吕布，因为不懂得搞关系，最后陷入孤立无援的境地，惨死对手手下。所以，作为一个女人，你有什么资本仰天长啸“我就不靠别人，我要靠自己成功”呢？所以，还是放下那份不可一世的自尊和要强，从现在开始，学会拓展自己的人脉圈，借用别人的力量帮助自己成功吧！

梅琳是美国西部一家大公司的职员，主要负责初级会计的工作。在公司工作了一年之后，她感到对各方面的会计工作都能自如地应付。因此，想去佛罗里达州找工作，以便拥有更好的前途。

但是，梅琳对佛罗里达州一点都不熟悉，于是她就从自己的关系网中找出了与佛罗里达州的公司有联系的人——梅琳哥哥的好朋友山姆。为了得到山姆的帮忙，梅琳从哥哥那里打听到，山姆非常想参加一个大学生联谊会。于是梅琳找到自己的一位好朋友爱丽丝，她是这个联谊会的成员。

通过爱丽丝的介绍，山姆顺利地见到了大学生联谊会的主席，并顺利成为了该会员的成员。山姆特别高兴，特意举行了一个庆祝晚会，还把自己的父亲介绍给梅琳和爱丽丝。最后，在山姆的帮助下，梅琳顺利进入了佛罗里达的一家知名公司，而且得到了一个十分满意的职位。

从这个事例中，我们可以发现：要想在职场中获得成功，就应该与各种各样的人交往，并充分发现和发挥别人的特殊价值，使不同的人际关系都能为己所用。

事实上，每个人都有自己的优势和特点，所以，在构建人际关系网时，不能太单一，不能太局限于自己的同学、同行、共同兴趣爱好的人之间。最关键的是要做到优势互补，这样既能让自己的优势给别人提供帮助，又能让别人的优势帮助自己。

另外，还应把目光转移到父老乡亲这层关系上，因为有了老乡这层关系，结交起来就比较容易。你还可以考虑自己的同学、校友，看看他们中有没有人在你附近。当然，你可以和同事、同行成为朋友，甚至还有那些离开你公司的旧同事，他们都可能有朝一日为你提供帮助。

## 3 贵人相助，麻雀也能变凤凰

华人富豪李嘉诚曾说过一句话：“良好的品德是成大事的根基，成大事的机遇是靠遇到贵人。”这句话解释了一些奇怪的现象：老实人一辈子勤勤恳恳，吃苦耐劳，却始终碌碌无为。是因为他们缺少才华，缺少能力吗？事实并非如此。他们的失败多半是缘于缺少了贵人相助。如果有贵人相助，麻雀也能变成凤凰。

国内有一个调查显示，在各行各业的高层管理者中，凡是做到中、高级以上主管的，有90%的人都受到过上级领导的栽培；而做到总经理的，有80%的人遇到过贵人；那些自己创业当老板的，竟然100%都是被人提拔过的。也就是说，那些成功者中，大部分人都有贵人相助。

孙雪出身于穷山沟里，家里基本上是九代穷，可是她自己脑瓜聪明，学习成绩很好，也有着强烈的翻身愿望，家人都把改变家族命运的希望寄托在她身上。

大学毕业之后，孙雪进入某知名的报社工作。由于长相端庄，为人踏实，聪明能干，她备受领导的青睐，私下里和领导的往来也比较多。正好该领导有个儿子，与孙雪年龄相仿，两人日久生情，终成眷属。

从此之后，孙雪不但获得了质量上乘、结构合理的人脉资源，还时不时得到公公（领导）的悉心指点，再加上她自己聪明能干，因此，在职场上的发展可以称得上“突飞猛进”。

那位领导集上司、公公、导师三重身份于一身，成为了孙雪生命中最重要的贵人。几年后，孙雪成了报社的副总编，当年的“麻雀”真的变成了“金凤凰”。

孙雪的职业生涯能达到那样的高度，除了她个人的努力之外，最重要的是她遇见了贵人。倘若缺少贵人相助，光靠个人努力，可能会活得舒服一点，发展得顺利一点，但是恐怕难以取得那样的成就。

对女人来说，社会上有一种说法，“没有结婚的女人前途无量”。言外之意是，丑小鸭一旦与富豪结婚，就能一步登天。如果你是一个相貌出众的女孩，要想让自己的人生获得较高的成就，或许可以通过结婚结盟的途径，让自己站在比别人更高的起点上，像凤凰那样展翅高飞。

相反，如果你的人生中没有一个贵人来助你，那你纵然再有能耐，可能也只能像泥鳅那样在烂泥中翻腾，始终难以跳出泥淖，一身轻松地在大海里畅游。你的才华和能力，也难以得到充分的发挥。对年轻的女人来说，也许你没有足够的资本成就大事，但是你完全可以试着寻找生命中的贵人，让自己快速走上康庄大道。

说了半天，到底什么是贵人呢？所谓贵人，指的是对你有所帮助，愿意真心实意地拉你一把的人。他们不求回报，甚至对你毫无所求。在每个人的生命中，都有许多贵人。比如，有些人愿意支持你、帮助你，有些人愿意指导你、栽培你。所以，女人们要善于观察周遭的人，发现对自己有帮助的人，然后主动和他们交往，与他们保持联络，与他们建立良好的关系。

有个经历了失恋之痛的女孩，在刚大学毕业的一次求职面试中，认识了一位慈眉善目的学姐，这位学姐似乎看穿了她的心思。当时这个学姐是某大企业的人力资源部经理，比她早毕业几年，对感情和工作都有独到的看法。

尽管这个女孩和学姐在学校时并未谋面，但是基于校友情谊，她诚恳地劝这个女孩：“与其沉溺在一段逝去的感情中，不如找一份有挑战性的工作，好好释放自己的能量，重新发现自己的潜能，让别人看到不同于以往的你。”

虽然面试进行得十分顺利，但由于女孩自己的选择，她并未加入这个学姐所在的公司，而是选择了一家规模较小的企业，开始了自己的职业生涯。在之后的工作中，这个女孩经常和学姐发邮件交流感情，交流工作心得，向学姐学习职场为人处世的经验。当工作中出现麻烦事时，她会向学姐请教。就这样，她们通过邮件建立了很好的友情。

一年以后，已经升为人力资源部门总经理的学姐突然打电话给这个女孩，说：“我们公司业务部有个空缺，你要不要来试试?”经过几个星期的面谈，她决定加入学姐的公司，换个更宽的跑道，让自己接受更大的挑战。

在这个案例中，那位学姐就是那个女孩生命中的贵人，她从学姐身上学到了对待感情和工作的态度，学到了职场生存的技能和经验，还通过学姐的帮助得到了一份不错的工作。在你的生命中，有没有这样的人呢？他既像你的朋友，又像你的导师，还是你的成长伙伴，如果生命中有这样的人，那将是你的福分。

## 4 慧眼识人，找出那些隐藏在普通人中的“贵人”

有句话说得好：“你还没成功，是因为你还没有遇见贵人。”可是贵人在哪里呢？很多人都抱怨自己的朋友太少，抱怨自己的朋友大都是酒肉朋友，真正想找他们帮忙时，就逃得远远的，还谈什么“贵人”?

其实贵人身上并没有写着“贵人”两个字，贵人也是普通人，关键在于你是否有智慧的双眼从茫茫人海，从你那些看似普通的朋友中把他识别出来。如果你做不到慧眼识人，那么即使你身边有贵人你也会错过。

有个小姑娘名叫王灿，毕业于名牌大学，毕业之后将近一年都找不到工作，整天待在家里无所事事，于是就和隔壁家的王阿姨等人打麻将。

有一天，一位邻居问王灿："丫头，你找到工作了吗?"

王灿说："我学的是历史，大冷门儿，工作好难找的，我找了快一年了，都没找到呢!"

这时候旁边的另一位邻居说："经常跟你打麻将的那个王阿姨，不是你们市重点高中教导处主任的妈妈吗？你可以问问她啊，说不定她儿子能帮你在学校找个教历史的工作呢?"

王灿一拍脑袋，说："哎呀，我只知道跟她打麻将了，你说我咋知道，她还有一个当教导处主任的儿子啊!"

说完之后，王灿买了一些水果，赶紧去王阿姨家。碰巧王阿姨的儿子在家，但是她告诉王灿："你怎么不早说啊，上周我们学校刚跟一个师范大学历史系毕业的学生签约，你要是早点告诉我们，我们肯定帮忙啊，都是一个小区的邻居。"

故事讲到这儿，如果你是王灿，听到这样的结局你懊恼吗？后悔吗？可是已经没有用了，只能怪自己"有眼无珠"，或者说没有擦亮双眼，发现身边隐藏的贵人。

生活中，很多女人只知道在牌桌上打牌、在邻居面前抱怨，却忽略了深入思考了解牌友、邻居的职业、社交地位及朋友圈子。如果你是有心人，别人不经意的几句话就能让你眼前一亮，从而发现你一直寻找的贵人。

你的世界不缺少帮助你的贵人，而是你缺少发现贵人的慧眼。如果你能把握住身边的贵人，那么你就能率先把握住别人没有的机会。因为关键时刻，贵人能向你提供信息资讯，给你提供机会和平台，让你领先一步，占得先机。

那么，怎样才能发现贵人呢？贵人又有哪些特点呢？下面就来详细地分析一下贵人的特点。

特点1：无条件挺你的人

当一个人愿意无条件挺你时，他肯定是你的贵人。因为他相信你，他接受你。当他知道小人在背后制造流言蜚语中伤你时，他也会毫不犹豫地挺你，来帮你说话澄清。这样的人是你不可多得的朋友，是你命中的贵人。

特点2：愿意唠叨你的人

谁会没事向一个自己不在意的人唠叨？当一个人唠叨你时，说明他在意你，他的唠叨对你是一种提醒，他不希望你多走弯路。你的身边是否有这样的人呢？

特点3：愿意与你分享分担的人

无偿地与你分享分担的人，是你风雨兼程的朋友，是你生命中的贵人。很多人有福同享，有难却不能同当，但是有些人愿意与你分担痛苦，承担困难，在你最落魄的时候对你不离不弃，这样的人值得你珍惜。

特点4：教导你、提拔你的人

有一种人，他能看到你身上的闪光点，也了解你的不足，他协助你、提拔你，对你不嫌弃。当你遇到困难时，他会给你指点，为你出谋划策。这种人不是你的贵人，又是什么呢？

特点5：懂得欣赏你长处的人

一个懂得欣赏你长处的人，表明他肯定你这个人。有些上司虽然发现了你的优点和长处，但是未必欣赏你的长处，更别说接受你的长处。因此，你要学会珍惜那些欣赏你长处、肯定你的人。

特点6：容易生你气的人

如果你身边有个人会傻傻地生你的气，你至少要感激他。因为这证明他很在乎你，试想，一个不在乎你的人谁会傻傻地生你的气呢？当他生你的气时，你有必要询问情况，给予安慰，让他对你的好感更进一步，日后当你有困难时，他肯定不会袖手旁观。

## 5 取长补短——结交一些优势互补的朋友

俗话说："一个篱笆三个桩。"一个女人也需要有"三个帮"，女人不能没有朋友，尤其是不能没有优势互补的朋友。因为优势互补的朋友是一剂"强心剂"，在你郁闷的时候，他会带给你安慰；在你无聊的时候，他会带给你欢乐。优势互补的朋友还是一套无敌于天下的剑法，一长一短，一柔一刚，一阴一阳，两相合一，使你完美地发挥自己的功力，在生活、事业、爱情上所向披靡。

陈菲是一个性格开朗但脾气火暴的女孩，她最好的朋友可韵却性格内向，比较腼腆，不善表达。她们是同一家公司的同事，由于陈菲是第一个主动与可韵说话的人，她的热情让腼腆的可韵很感动，一来二去，两个人就成了要好的朋友。

陈菲喜欢动，可韵喜欢静，她们的性格差了十万八千里。可是她们对事情的看法，以及人生观、价值观却惊人地相似。因此，她们总是那么默契。因为她们的性格互补，比如，陈菲做事积极，讲究速度，但缺少耐心，显得急躁；可韵心思细腻，但是做事优柔寡断。陈菲将可韵引导到一种积极明快的生活中，可韵则将陈菲引导到注重细节、沉稳谨慎的生活中，两人在工作中配合得很好，后来虽然两人都走进了婚姻，但是她们的友谊却一直延续着。

在你身边，有没有类似于陈菲和可韵这样优势互补的朋友呢？优势互补的目的是互相影响，提高和完善自己；团结协作，更好地办事。既要在生活中找到共同的兴趣爱好，又要在事业上形成共同进步的默契。

假设一下，如果老实的女人结交了懂心机、会处世的朋友，是不是可以受到对方的影响，从而提高自己对人情世故的认识，提高自己为人处世的能力呢？要知道，社会是现实的，也是残酷的，而结交优势互补的朋友既能帮你进步，又能给你单调的生活添加色彩，让你寂寞的心灵获得更多快乐。这才是最大的共赢。

王欣和朋友刘悦在成都市市中心的商业区租了一个商位。王欣是当地一家电子科技公司产品部的职业经理人，而刘悦则是多年闯荡江湖的销售员，销售渠道畅通。王欣有资金，刘悦有营销技巧，两人一拍即合，取长补短，一个负责资金投人，一个负责拓展业务。

王欣利用自己在公司的人脉，拿到了最优惠的产品价格，而刘悦利用自己丰富的客户关系，快速打开了销售渠道，她们代理了多家公司的产品，比如爱国者、海尔、明基、松下等品牌的电子产品，销售势头很好，效益也非常好。

工作之余，她们还是感情交流的好搭档，王欣为有刘悦这样的朋友而感到欣慰，她说："可以与自己优势互补的朋友一起做生意，真的是一件幸福的事情。"

其实，在结交优势互补的朋友时，应该重视"需要的互补性"，言外之意就是"缺什么就补什么"，通过向优秀的朋友学习，弥补自己的不足，提高自己的能力。如果你知道自己某方面的劣势，而你发现有个人在这方面很优秀，不管对方是男是女，你都可以和他做朋友，这对你是非常有益的。

然而，在生活中，很多女人在选择朋友的时候，过于偏重志趣相投、能聊到一起的朋友。这当然无可厚非，但长此以往，很容易使你的朋友圈急剧缩小，让你的人脉过于单一，这对你个人的发展是极其不利的。要知道，性格相似的人，优势可能差不多，劣势也可能大抵相同，长此以往，你们的优势可能更"优"，但你们的劣势同样会更"劣"，这不利于你全面发展。所以，赶紧改变以往的交友观，从这一刻开始结交优势互补的朋友吧！在此，要注意两点：

第一，采用“横向交叉”的方式交朋友。

什么是“横向交叉”呢？关于这点，我们可以从不同的角度去理解，比如，思想品德上的优势互补、学术专业方面的优势互补、身材长相方面的优势互补、经济实力方面的优势互补、个性特点方面的优势互补，等等。除了这些方面的优势互补，你还可以结交不同地域的朋友、不同文化层次的朋友。

为什么这么说呢？其实，是有道理的。举个例子，你觉得某个人的品德很好，你想办法和他成为朋友，那么你在与他交往的过程中，就能从他身上获得很多品德方面的熏陶和影响，还可以通过他结交更多品德好的朋友；你觉得某个人化学、物理非常好，是专业类大学的高材生，你和他结为朋友，说不定哪一天你就需要这方面的人帮忙……

第二，采用“纵向交叉”的方式交朋友。

什么是“纵向交叉”呢？它主要是指年龄层面上的优势互补。我们知道，年轻人充满活力，思想活跃，创新精神强烈；年长者、老年人细心周到，处世稳重。年轻人信息来源广，总能了解最新消息；年长者思想成熟，底蕴深厚。由于有这些差异，因此，我们在交朋友的时候可以采取“纵向交叉”的方式来结交年轻的朋友或年长的朋友。

培根曾经说过这样的话：“青年的性格如同一匹不羁的野马，藐视既往，目空一切，好走极端，勇于改革而不去估量实际的条件和可能性，结果常常因浮躁而改革不成。而老年人正相反，他们思考多于行动，议论多于果断，为了事后不后悔，宁愿事前不冒险。所以，最好的办法是把两者的特点结合起来。”

俗话说得好：“家有一老，如有一宝。”在你的交际圈中，老年人是必不可少的。同样的道理，年轻就是资本，在你的交际圈中也不能没有年轻人。如果你能结交年轻的朋友或年长的朋友，那么你必定能从他们身上获益良多。

## 6 创造出自己的“不可取代性”

有些女人说：“我在工作中脚踏实地，勤劳吃苦，这是我的优势。”有些女人说：“我在人际交往中热情待人，有一颗善良之心，这是我的优势。”有些女人说：“我在恋爱中善解人意，温柔可爱，这是我的优势。”但是这些终归还是女人必备的基本素质，你有这些优点，很多女人也有这些优点，何谈“不可取代性”呢？

当你没有“不可取代性”时，就可能遇到这样的情况：

你在一个公司干久了，你想让老板给你加薪，但是老板不答应。就算你以辞职相威胁，老板也不为所动，反倒对你说：“那对不起，你想走就走吧，我不留你。”这是何等悲哀的事情。

为什么老板会如此绝情？原因就是你可以轻易被人替代，而且可能会被更优秀的员工替代。你走了之后，还会有一百个甚至上千个人顶替你的职位。如果你处于这种境地，那就糟糕了。这就是你不具备“不可取代性”所带来的隐患。

相反，如果你有专属于自己的优势，那么你就有了核心竞争力。当你向老板提出加薪要求时，他恐怕要掂量掂量你离职带给他的损失。这个时候，你说话才有影响力，你才能主动地掌控自己的命运。有这样一个故事，对我们很有启发：

有个女孩，15 岁那年因为一场车祸失去了左臂。她一直特别喜欢柔道，不想因此放弃柔道，于是就拜师学艺。她学习很认真，不过令她不解的是，学了大半年，老师只教了她一招，并要求她反复练习。女孩问老师能不能多教她几个动作，老师却说：“你把这个动作学好就行了。”

后来，老师带着这个女孩去参加一场比赛。比赛中，女孩很熟练地用那招战胜了对手，而且一路杀到决赛。决赛的对手很强悍，但是经过一番苦战，女孩还是取得了胜利，赢得了冠军。

在回家的路上，女孩百思不得其解，就问老师："为什么我能获得冠军呢?"

老师说："你能获得冠军有两个原因，第一，我教了你一招柔道中最难的动作，而且你学得很好。第二，对手想破解这个动作，一定要抓住你的左手。"

女孩终于明白了，原来，她失去的左臂，居然成了她自己的最大优势，让对手无法破解，也让自己变得无可替代。

试想一下，如果你像这个女孩一样，拥有一种能力，并且别人永远无法战胜你，你是不是就成了不可取代的人呢？这就叫核心竞争力，这就是你的绝对优势，你要做的，就是不断强化它。

那么，到底怎样才能创造自己的"不可取代性"呢？

第一，要有自发主动的心态。

如果你想创造自己的不可取代性，你就需要有自发主动的心态。只要你有这种心态，你就可以把劣势变成优势，把优势变成绝对优势。

德国有家公司和日本一家公司长期保持着业务往来，为此德国公司的经理经常要买东京到大阪的车票。后来，这位经理发现了一个有趣的现象：每次去大阪时，他总是能坐在靠右边窗户的位置。而返回时，他总是能坐在靠左边窗户的位置。

经过一番了解，他得知了其中的缘由。原来，这是日本合作公司的购票小姐在暗中帮助他，她的解释是："去大阪的时候，富士山在你的右边；返回东京时，富士山在你的左边。我想你肯定喜欢富士山的美景，所以，我就给你买了不同的车票。"

这番话让德国经理十分感动，他马上把对日本公司的贸易额从400万马克提高到1200万马克。他认为在这么小的事情上，这家公司的职员都能考虑得这么周到，还有什么不放心的呢？

在这里，这个女职员用细心为公司赢得了巨额的业务，这种细心，就是她不可取代的优势。可见，创造不可取代的优势时，少不了主动自发的心态。

第二，提高自己的专业技能。

专业技能在个人的能力中，是最基本的能力之一。俗话说："一招鲜，吃遍天。"你再怎么全面，不如有一项极为突出的能力，而且这个能力是不可取代的。这样，你就有了资本。你可以参加培训班，可以自学，也可以通过与同行人员交流、不耻下问等方式提高自己的专业技能。

第三，学会自我营销，打造与众不同的自己。

你会推销自己吗？你是与众不同的女人吗？在回答这个问题之前，先看这样一种现象：

很多年轻人在找工作的过程中抱怨："每天投那么多简历，为什么没有接到面试通知呢？""面试了好几家公司，为什么我没有被录用呢？"对于这种现象，他们可能没想过一个问题："为什么别人要让我去面试，为什么别人要录用我？"如果他们想过这个问题，也就不难得到答案了。

因为他们投寄的N份简历都是一样的，他们的简历和别人的简历几乎也是一样的。一来他们没有独特的能力，二来简历没有特色。在这种情况下，他们怎么能脱颖而出呢？试想一下，如果一个人只是茫茫沙海中的一粒沙，又如何让人发现自己的"不可取代性"呢？

所以，你必须学会自我推销，把自己打造得与众不同，让你在茫茫人海中，被人一眼关注到。比如，你可以把自己的简历做得别具一格，让人眼前一亮；把自己的某项能力描述得更加动人，让人拍手叫好；你还可以投其所好，研究别人需要什么样的人才，继而迎合别人的胃口，从而把自己推销出去。

## 7 找出自己擅长的领域，建立人际关系金字塔

比尔·盖茨哈佛还未读完，就去创业了，数年之后，他成了世界首富。谁也没有在意他只有高中文凭；约翰·梅杰，在47岁时成为英国首相，成为举世瞩目的人物。然而，他在学生时代，并没有过人之处；摩西奶奶在75岁之前，还是农场里默默无闻的农妇，但是晚年却成了闻名全球的风俗画画家……

为什么这些人能有非凡的成就呢？用比尔·盖茨的话说，就是："我之所以能够取得今天的成就，与我从小就喜欢电脑是分不开的。回想起来，我不过是选择了自己喜欢的事，爱做的事。"做自己喜欢的事，做自己擅长的事，并努力在这个行业内寻找可以帮你成功的人，建立牢固的人脉金字塔，这就是成功的秘诀。

俗话说："金无足赤，人无完人。"谁也不是完美的，也不需要完美，只要发现自己的优势，努力做自己擅长的事情，就可以找到自己的人生意义。

丹丹从国内某知名院校毕业，进入一家国有大企业担任一名工程师。工作两年后，丹丹发现自己与工作格格不入，因为她的性格外向，喜欢与人交往，而作为一名工程师，需要在安静的环境中做设计。

显然，丹丹的性格不适合做工程师，再继续工作下去，只会在错误的道路上越走越远，根本找不到成就感。认识到这一点之后，丹丹决定放弃工程师的工作。朋友们都说丹丹脑子有问题，竟然放弃了一份安定的、高收入的工作。单位领导也挽留她，但是她不为所动。

后来，丹丹在一家电视制片公司找了一份工作。在这里，她活泼热

情的性格很受人欢迎，她赢得了非常好的人际关系，找到了如鱼得水的感觉。凭借出色的活动组织能力，丹丹在三年的时间里，成了业内知名的电视制片人，并拥有了自己的一份事业。

做自己擅长的事情，才能如鱼得水，尽情地把自己的价值发挥到最大化。当然，要想在自己擅长的领域获得成功，还离不开强有力的人脉关系。丹丹的成功就说明了这个道理。

任何人想成功，都必须建立自己的人际关系金字塔。这个金字塔的第一层是真朋友，数量最少，也最珍贵。对一般女人来讲，这种朋友不超过10个；金字塔的第二层是伙伴型朋友，即和你谈得来，有相同或类似的兴趣爱好的人，他们属于交往但不“交心”的范畴；金字塔的第三层是合作性朋友，也许你们性格差异很大，但是在某些事情上，你们的合作可以发挥“1+1>2”的作用；金字塔的第四层是功能性朋友，也就是所谓的“假朋友”，表面上你们称兄道妹，实际上是为了利益。

也许你不承认，但在现实中，对你帮助最大的可能正是这些“假朋友”。这里所谓的帮助，指的是相互的，你们彼此为了达到自己的目的，互相利用对方。比如，你和同行的某个朋友合作，然后各取所需，这种合作是非常有必要的。

在这里，女人要明白一点：同行不是冤家，而是朋友，要学会和同行搞好关系。虽然同行看似和你存在竞争关系，但是这种竞争不是坏事，相反，它能激发你潜在的动力，让你在自己擅长的领域获得更长足的发展。从这个角度来说，你应该对同行怀有感激，甚至对你的敌人怀有敬意。

有个年轻人第一次参加马拉松比赛，就获得了冠军，并且打破了保持已久的世界纪录。当记者们围住他，问他为什么能取得这么好的成绩时，他给出的答案是：“因为我身后有一只狼。”

原来，3年前，这个年轻人在崇山峻岭之间训练长跑，每天凌晨两三点起来跑步。虽然他尽力了，但是成绩却平平。一天清晨，他在训练的时候，听见身后有狼的叫声。开始是零星的叫声，似乎很遥远，但渐渐的，狼叫就在身后。

为了逃命，他拼命地奔跑。那天，他取得了非常好的成绩。从那以后，他每天训练的时候，都会想象着自己身后有匹狼，所以成绩突飞猛进。

这个故事非常耐人寻味。在如今竞争激烈的社会丛林中，你是否听见周围有“狼嚎”呢？或许，每个女人的内心都应该装着一只“狼”。这样才能鞭策自己奋勇向前，在自己喜欢的领域成长，在自己擅长的领域成功。

其实，这只“狼”就是你的竞争对手，就是你的同行们。你应该感激他们，而不是憎恨他们。必要的时候，你甚至要和他们合作，共创人生大业。因为你们彼此有互相利用的价值。可以说，他们是你不可缺少的人脉，所以千万不要将他们忽视了。

## 8 人情是吃出来的——饭局中的学问

世界第一人际关系专家哈维·麦凯先生曾说过：“人脉就是钱脉。”在中国这个吃喝文化盛行的国家，如果你想结交人脉，请人吃饭是必不可少的。如果你会在酒桌上搞关系，在饭局中交朋友，说不定就能“吃”出一个锦绣前程。

张莹是个爱交朋友、爱吃各种美食的女孩，起初她和两三个朋友经常定期去饭店“搓一顿”，经过一段时间的相聚，参加聚会的人越来越多。后来，她们发现经常这样大吃大喝有些俗气，而且也挺费钱的，于是她们决定把这个活动改为一个月一次。每次每人出资 100 元作为基金，地点可以选在餐厅，也可以选在家里，由当月的负责人来决定。

就这样，在数十年中，她们的聚餐从未间断。只要聚会日期定下来了，不论什么天气，距离远近，她们都会准时出席。平时只要听说某个“会员”有困难，大家都会纷纷出手相助，相互间就像亲人一样。还别说，其中有几对夫妻，就是在这个聚会中认识的，张莹的老公就是聚会中的会员。

有一次，一个会员想创办公司。其他成员纷纷出资相助，多则几万，少则几千，按照出资额度，大家成为大小不同的股东。正是靠着大家的出资相助，这个会员把公司经营得风生水起，大家也由此受益不少。比如，有些会员把自己的朋友引荐到该会员的公司上班，解决了朋友的就业难题。

人情是吃出来的，人脉也是吃出来的。吃饭喝酒是联络感情、洽谈生意、促进友谊的好方式，只要吃好了，喝好了，办起事来就容易很多。生活中，很多人遇到麻烦之后，就会请客吃饭，然后在推杯换盏中把问题解决。许多人都是在社交应酬、吃吃喝喝中，从陌生人变成了无话不谈的朋友。事实上，饭桌酒席、迎来送往中可以大大缩短人与人之间的距离，提高办事效率。

不过，吃饭喝酒看似简单，但其中学问不少。老实的女人要想在饭局中结交人脉，有必要注意吃饭应酬中的忌讳和注意事项，这样才能把“饭局战术”运用得恰到好处，吃出一个美好人生。

那么，在饭局中具体要注意什么呢？下面一一道来：

第一，点菜是一道严峻的选择题。

“点菜”之“点”，不亚于开战前的“点兵”。菜点好了，既能让大家吃得过瘾，又不至于造成浪费，还能让朋友、客人对你产生好感。否则，剩半桌菜等于打了个败仗。点菜要注意下面几点：

（1）掌握好点菜的顺序

一般情况下，先点开胃菜，再点主菜，最后视情况而定点一些点心。如果是宴请宾客，那么除了点贵菜显示尊重之外，还有必要点一些特色菜，比如，当地的特色菜或本店的特色菜。

（2）掌握好点菜的数量

点菜的数量应根据宴请的人数和宴请的方式来决定，没有必要铺张浪费。一般来说，冷菜热菜的总量是人数的两倍即可。如果人数少于五人，可以按照实际人数加几个菜。比如，四个人可以点三四个冷碟，三四个热菜，加一大碗汤。当然，在点菜的时候，要尊重客人的意见。如果是请熟人吃饭，就没必要点太多招牌菜、贵菜。

（3）征求重要人物的意见

在点菜时，一般要礼貌性地征求重要人物的意见，怎么问呢？有两种方式：一是采用封闭式提问："陈主任，来条草鱼还是鲶鱼啊？""喝茶还是喝咖啡啊？"还有就是问："陈主任，您不爱吃哪些菜呢？"这是为了避免犯宗教或民族禁忌。

第二，饭桌攀谈、敬酒要一视同仁。

在饭桌上要一视同仁地对待每个人，千万不要厚此薄彼，聪明的女人应该在保证重视重点人物的时候，不忽略一般性宾客。具体怎么对待，有下面几个技巧：

（1）勿以客人身份定冷热

无论职务高低，你都应该一视同仁。在攀谈的时候，既要和大人物攀谈，也要主动和小人物交流，不能让小人物干坐着。在敬酒的时候，可以先从大人物开始，然后逐一敬酒，如果你漏掉哪一个，那样就显得不尊重别人了。就算别人不喝酒，你也应示意敬酒，对方不喝时，他自然会告诉你。

（2）勿以关系的亲疏定冷热

在饭桌上，宾客中可能有和你关系很密切的，也有和你关系一般的，还有陌生人，这个时候你千万不要只和关系密切的人交头接耳，小声聊天，而对关系一般的，或者陌生人视而不见。否则，难以显示你的诚挚之心，不利于结交人脉。

第三，少喝酒，多办事，学会几招拒酒术。

俗话说"无酒不成宴"，虽然女人不胜酒力，但是在饭桌上交际应酬，喝酒是少不了的。但是女人饮酒一定要适量，而且在特殊时期，女人还有必要滴酒不沾，比如，怀孕期间、月经期间等。

另外，不是打击男人，不是说每个男人都是坏人，女人和男人一起吃饭喝酒，一定要提高警惕，小心男人故意把你灌醉，然后占你便宜。因此，老实的女人喝酒的时候一定不能太老实，不能说："喝，来，今天高兴，我就陪你喝到底。"这样容易喝醉酒。也不能直来直去："我不喝，我不会喝，谁敬我我也不喝。"这样容易得罪人。

因此，面对别人敬酒时，拒酒就非常有必要，怎么拒酒呢？这可是一门深奥的学问。女人不妨学几句拒酒词，以便关键时候派上用场。

（1）只要感情好，能喝多少算多少

说完这句之后，你还可以展开："感情不够，才拿酒来凑，感情好，喝多少算多少。我可不希望我们的感情有水分哦！"

（2）为了不伤感情，我喝；为了不伤身体，我喝一点

当别人劝道："感情铁，喝出血！宁伤身体，不伤感情"时，你可以说："我们要理性喝酒，留一半清醒，留一半醉嘛。"你还可以说："为了不伤感情，我喝；为了不伤身体，我喝一点。"

（3）只要感情有，喝什么都是酒

如果你不能沾酒或者一点都不想喝，那就以茶水代酒回敬别人吧。你可以问他："我俩有没有感情？"他会答："有！"你就接着他的话说："是吧，只要感情有，喝什么都是酒，有感情就有理解，我以水代酒了啊，干杯。"

（4）只要感情到了位，不喝也会醉

你可以试着对敬酒的人说："我们跟自己不喜欢的人喝酒，那是一种痛苦，跟自己喜欢的人喝酒，那是一种感动。这说明我们感情到了位，感情到位了，不喝也醉了。"

总之，饭桌上的学问大着呢，老实女人要慢慢学会随机应变，争取在饭桌上让大家开开心心的，以赢得大家的好感。

# 第六章 察言观色，做女人要有洞悉人心的本事

为人处世的智慧在于明察秋毫、洞悉人心，即通过别人一个不经意的小动作，看穿他的内心动向和真实意图，然后审时度势、对症下药，最后打动别人，让别人对你产生好感，或让别人心甘情愿地帮助你。这里面，充满了读心与攻心的技巧和方法。

## 1 女人要想成功，先要学会察言观色

俗话说得好："出门观天色，进门看脸色。"女人要想顺利地为人处世，赢得别人的好感，得到别人的帮助，就必须学会察言观色。不会察言观色的女人，就像不知风向便去扬帆远航的愚蠢水手，弄不好就会在风浪中翻了船。

女人要明白，一个人的言辞能透露他的内心、品格、地位、性格、情绪，因此，你一定要善于捕捉别人的弦外之音。有这样一个故事，非常有意思：

小李和小王都是刚刚毕业的女孩子，两个人一同进入了一家店里做销售。虽然在学校期间，小李的成绩一直都远远超越小王，但是在工作中，小王的业绩却将小李远远地抛在了身后。为此，小王总是能够拿到奖金，并受到老板的赏识。小李一直想不通，为什么小王这样受到赏识，自己也辛辛苦苦的工作，难道老板就看不到吗？

有一天，有一位年轻人带着一位老人进店里面买东西，小李赶忙上去招呼那个年轻人。跟在他的后面介绍一些公司的产品。但是小王却原地未动，她首先观察了一下，确认年轻人是带老年人到这个店里面消费的，想要尽一份孝心。老年人在店里面转来转去，停留在一个传统古朴的小工艺上面，小王立马过去询问，得知老年人喜欢这款商品，但是嫌弃商品太贵了。

小王过去和年轻人沟通，说明了老年人的心意，并说明了满足老年人的心理，让他们在心里面得到了满足，这样才是真正的孝心。当他看到年轻人对她的观点不住地点头，表示赞同的时候，她进一步地说明了

这款产品的优点和实用性。最后，年轻人为老年人买了这款产品，两人都十分开心，并夸赞了小王。而小李浪费了一大堆的口舌，却没能打动年轻人，也没能卖出自己推荐的产品。

这个故事告诉我们：一个人说的话，不一定是他的本意，人是容易心口不一的动物。不会察言的女人经常会责怪别人虚伪，经常被人“忽悠”得团团转。但是善于察言的女人就没有这样的烦恼，因为她们早就知道别人的真实想法。

在生活中，当一个人心情不好、情绪低落时，他依然装作热情的样子对你说：“虽然我的心情不好，不过，你有什么事情就说吧……”此时，无论他多么热情，你最好也不要把原本要说的事情说出来，明智的做法是找个借口告别，换个机会再说。

当一个人对别人不满或持有敌意时，他说话的速度会变得迟缓，有一些迟钝。当一个人有愧于别人或说谎时，语速则会自然地快起来。比如，你老公每天都按时下班回家，但有一天下班之后，他留在办公室玩了一个小时游戏，回家比平常晚了。回家之后，他诅咒道：“今天的活真多，搞得我不得不加班。”如果你发现他说话的语速比往常快，那么他可能就撒谎了。这就是察言的威力。

如果说察言犹如听风，那么观色就像观察天气，而观察一个人的脸色就像看云识天气。脸上的表情就是天上的云彩，这里头有很深的学问。因为不是所有的人都喜怒形于色，相反很多人喜欢把哭埋在心底，把笑留在脸上，对于这样的情况你要提高辨别力。比如，在一次洽谈会上，对方笑嘻嘻地与你交流问题，你以为对方满意你的方案，你觉得自己成功了，可是结果却以失败告终。

再比如，有些职员对上司的言行不满，但是敢怒不敢言，于是装作一副无所谓的样子，显得毫不在意。但是他的内心其实有强烈的不满，如果你仔细观察他的面孔，就会发现他的脸色不对劲。有些人明明很愤怒，却假装微笑，这也是一种很容易让人误解的表情。

再比如，当你看见朋友或同事闷闷不乐时，千万不要和他谈论得意之事，或者向他求助，否则就是自讨没趣，招人厌烦。当一个人一边跟你说话，一边接电话、看手表时，表明他有急事。这个时候，你最好不要和他说话，打扰他办事。

由此可见，观色并不是一件容易的事。乌云满天不一定就会下雨，笑脸相迎不一定就是高兴，这就更显示出察言观色的重要性。一般来说，察言观色可以按照以下步骤来进行。

第 1 步：调整心态，提高警惕

要想准确地察言观色，首先要有一颗安静的心，冷静地思考：他为什么跟我说这句话？他说这句话的动机、目的是什么？怎样回答他才合适呢？通过这样的思考，你可以慢慢学会领悟别人的言外之意。

第 2 步：观察他人面相形态

相由心生，观察人的面部形态可以洞察人的内心。因为不同的脸形、眉毛动态、眼睛形状表明的含义是不同的。

第 3 步：从人的装扮窥测人心

观色不只是观察脸色，还要观察别人的整体外貌、穿着打扮，因为服装、鞋子、手提包、帽子、围巾等物品也能透露人的内心。

第 4 步：认真聆听别人的真实想法

闻声辨人。说话的语气，直接透露人的个性；语速的快慢、语调的高低暗藏情绪的变化；话题的不同、表达方式的不同，能反映人的心情。

第 5 步：观察他人的动作探出真实个性

行由心出，一个人的动作也能透露他的内心，举手投足、身体前倾、歪脖子，等等，都是一个人的心里在发出信号。

## 2 一眼看穿男人的花花肠子

生活中，我们经常听到女人对男人说这样几句话：“你瞧瞧别人!”“你在哪里，和谁在一起?”“都怪你!”“谁的电话?”这些话透露出女人对男人的讽刺挖苦，对男人的不信任，对男人的责备。这样的话说多了，会严重打击男人的自尊心、自信心，使男人不自觉地对女人产生反感，甚至还会发生口角，导致矛盾升级，影响恋爱或婚姻的质量。

小敏的老公带着她去看装修好的房子，一心只想等小敏的表扬。但是小敏根本没有意识到这一点，看房子的时候，不是说这个地方有些粗糙，就是说那个地方不该那样设计，完全没有考虑老公的感受。

终于，小敏的老公忍不住说：“你也太挑剔了，我辛辛苦苦地装修房子，没功劳也有苦劳，你这不满意那不满意，当初叫你管装修的事，你又不愿意。”小敏一时惊呆了，因为老公一向很好说话，正当她想顶撞老公时，看到老公满脸的不悦，才意识到自己太过分了，转而用平静的语气说：“要是我不挑剔，怎么会嫁给你呢?”

虽然小敏“亡羊补牢”，缓和了老公内心的不悦，但这一招不宜常用。女人一定要摸透男人的心理，搞清楚男人需要什么，才能把话说到男人心坎里，让男人开心。男人开心了，还有什么事情不好说呢？那么，男人到底有怎样的心理呢？男人有哪些特点呢?

其实，男人最大的特点就是爱面子、要虚荣、要当“一把手”；男人要信任，要理解，要鼓励。做女人的，一定要善于保护男人的自尊心，给男人面子，满足男人的虚荣心，同时相信男人，理解男人，在男人遇到困难的时候鼓励男人。只要你顺着男人的心理去说话，保证男人生龙活虎，真心实意地对待你。那么，具体怎么做呢？

方法1：给男人打圆场，给男人留台阶

当男人犯了无心之错时，女人应该学会给男人打圆场，给男人留台阶，而不要批评、指责男人。否则，会打击男人的积极性，挫伤男人的自尊心、自信心，让男人很泄气。

小依的老公在厨房里忙着做饭，但是没想到，把饭蒸上后只顾着洗菜，结果把饭烧糊了。小依下班回家后，闻到一股烧焦味，看到老公慌忙得像个做错事的孩子，立刻明白发生了什么。她笑着对老公说："饭糊了没关系，咱们正好可以出去吃个浪漫情侣餐，老公请客没意见吧？"老公立即打了个立正："是，遵命！"然后，夫妻俩换了一身衣服，去外面吃浪漫晚餐了。

男人犯错，女人首先要谅解，而不是责怪。如果小依不是体谅老公，而是挖苦讽刺老公，说"你真没用，连做饭都做不好"之类的话，说不定小事就会升级成大矛盾。聪明的女人善于给男人打圆场，照顾男人的面子，这样很容易得到男人的感激。

方法2：适时给男人"戴高帽"，满足男人的自尊心

平时生活中，女人不妨多给男人"戴高帽"，把男人的优点、长处、名誉、地位等好的一面，用恰当的话语表达出来，让男人乐于接受，从而起到鼓励、劝告对方的作用。比如，你的老公把水龙头修好了，你可以温柔地称呼他"修理高手"；你的老公下赢了一盘棋，你可以表扬他"真有智慧"。总之，要满足男人的虚荣心，让男人觉得自己很不错。这样男人才会充满激情。

方法3：花言巧语提建议，而不是斥责男人

一般来说，是个男人都不希望被女人命令。尤其是在婚姻生活中，男人希望成为家里的"一把手"，希望自己在大事上是最终的决定者。因此，聪明的女人，千万不要命令男人，你越强硬，男人就越抗拒。如果你有建议，不妨温柔地提，最好说点甜言蜜语，只要你让男人高兴，

还怕男人不听话吗？

王先生和妻子去商场买沙发，王先生看中了一套白色的真皮沙发，非常漂亮美观，但是价格昂贵。面对销售员小姐的巧舌如簧和甜言蜜语，王先生早已心花怒放，恨不得马上买下来。可是王先生的妻子觉得沙发太贵，她接受不了，于是她撒娇式地对王先生说："老公，你真有品位，这个沙发很有档次。不过，颜色太浅了，每天都要擦，你不怕把我累坏吗？"

王先生听了，呵呵一笑，说："是啊，还是老婆考虑周到，我们再到别处看看吧！"

如果王先生的老婆对他说："你傻啊，买这么贵的沙发，还是白色的，这么容易脏，有什么好的？你脑子是不是进水了？"王先生肯定受不了，但是她没有那样说，而是给足了王先生面子，用甜言蜜语的方式提建议，轻松就阻止了王先生购买昂贵的沙发。这就是建议的妙用，远胜于命令和斥责。

方法4：不与男人争权夺利，给男人决定权

朱女士在家里从来不和老公争夺决定权，无论买什么，她都让老公拿主意，她只是提建议。比如，她想买个什么功能、什么价位的东西，就让老公去买。即使她和老公一起去买，最后还是会让老公选择。其实，朱女士并不是没有自己的想法，但这仅限于在购买之前她和老公商量，而不会要求老公听她的。除非老公不懂，让她做决定。

在家里，女人千万不要和男人争权夺利，而要给男人决定权。这样你少了一份负担，男人多了一份自尊，多了一份责任感。这样男人才能挺直腰杆，扬眉吐气，风风光光，像一个真正的男人。你何乐而不为呢？

方法5：相信你的男人，对他表示理解

男人为了养家糊口，不停地在外劳碌奔波，他们要与不同性别、不同年龄、不同身份的形形色色的人打交道。作为妻子，要充分相信老公，不必怀疑他和哪个女人多说了一句话，也不必忧虑他晚上回家晚了，更不要疑神疑鬼，对老公兴师问罪。要坚信，老公是一心为家的，他永远爱的是你。与此同时，多给老公关心和理解，他没按时回家时，记得打电话问一问情况，表达关心；他在工作中受到委屈，心情不好时，你应给他安慰和理解；当他遇到困难，垂头丧气时，你应给他鼓励和支持。这样做，你的男人才会更加爱你。

## 3 言谈习惯最能透露一个人的内心秘密

在与人沟通中，女人不但要会说话，还要会“读心”，要善于领会别人的意图和想法，做一个善解人意的人。这样的女人才会更加受人欢迎。通过别人的脸色看别人的心思，这就是一种读心术。你还可以通过别人的头部动作、手势、身体姿势、腿部动作等肢体语言判断别人到底想说什么。

心理学家弗洛伊德认为：凡人皆无法隐藏私情，他的嘴可以保持缄默，但手脚却会“多嘴多舌”。无论一个人的阅历多丰富，多善于掩饰自己，他的神态举止尤其是下意识的动作总能让人看出破绽。很多人在各自的生活经历中，逐渐地已经形成了自己独特的举止习惯，有的时候自己已经被别人看透了，还不自知。比如，有的人习惯于双手插兜，有的人喜欢跷二郎腿，有的人说话时手舞足蹈，有的人坐在椅子上时，腿会不停地抖动等。这些下意识的肢体语言已经成了一个人的性格组成部分，当然它们也在不知不觉中透露了一个人的信息。

在人际交往中，通过别人的肢体语言来判断别人的内心，了解对方想说什么，这种能力对女人来说显得尤为重要。它不但有助于你轻松笼络人心，还有助于你轻松地工作、处世。如果你掌握了肢体语言，你将会获得一项重要的人际交往法宝。

有一次，芳芳和一个客户谈话时，发现客户的眼睛不停地往别处看，同时小声地讲话。芳芳敏锐地意识到客户心里惦记着其他事情，虽然他接待了自己，但却心不在焉。于是，她赶紧说："您一定很忙，我就不打扰您了，改天我再来拜访您吧！"

客户非常感激地对芳芳说："谢谢你的理解，我要去机场接一个朋友，时间马上就到了，我得出发了。"几天之后，当芳芳再次拜访这位客户时，客户爽快地签单了。

芳芳的善解人意给客户留下了好的印象，客户对她心怀一丝内疚，之后通过签单予以补偿。这就是人际交往中微妙的互惠定律。

在交际中，女人学会了解密别人的肢体语言之后，不但有助于提升人际交往的能力，还有助于识别他人的谎言，避免上当受骗。这对内心单纯的女孩来说显得非常重要。

曹燕是一家大公司的人力资源主管。有一次，她在面试一位求职者的时候，注意到对方的脚部动作。当她问对方："你是否愿意到海外任职呢?"对方的脚马上变得兴奋起来。但是当曹燕告诉面试者"你要去的地方是孟买或印度"时，对方的"快乐脚"马上消失了，两只脚停了下来。

曹燕意识到对方不愿意去这些地方，于是问面试者："你为什么不愿意去孟买或印度呢?"应聘者听到这个问题，显得十分惊讶，因为他并没有说他不想去这些地方，于是他问曹燕："我告诉过你我不愿意去这些地方吗?"曹燕笑着说："不用你告诉我，我能感觉到。"

应聘者笑着说："的确如此，我以为是去美国，我有很多朋友在那边。"

在这个故事里，应聘者的腿部毫无保留地泄露了其内心的想法。当一个人认同别人，感到轻松时，他会不由自主地抖动双脚，这就叫"快乐脚"；当一个人不认同别人，感到失望时，双脚则会停止抖动。曹燕正是通过这点来判断应聘者的内心想法的。下面，我们就来看看常见的肢体语言透露出的内心想法：

（1）说话时不抬头，不看人。这是不良的征兆，说明对方对你不感兴趣，心情不好，不想理睬你，或是从内心里就轻视你；

（2）久久地盯住你看。这说明对方在等待你给他提供更多的信息，希望你继续说下去；

（3）友好而坦率地看着你。这种肢体语言说明对方喜欢你，对你有好感，想和你交朋友；

（4）双手合掌，从上往下压。这种肢体语言说明对方想缓和气氛，希望大家冷静下来，有话好好说；

（5）双手叉腰，肘弯向外撑。这种肢体语言是一种发布命令的姿态，一般出现在领导身上，这种姿态显示的是权威性；

（6）坐在椅子上，身体往后靠，双手放脑后，双手往外张。这个动作表明对方很轻松，但同时也可能是一种自负的表现；

（7）用食指指着对方。这个动作表明对方有一种优越感和好斗心，想战胜你、指挥你；

（8）手指并拢，双手呈金字塔形状，指尖对着别人。这个动作表示他不会同意对方的意见；

（9）握着拳头。这个动作有两种意思，一种意思是吓唬别人，第二种意思是维护自己的观点，如果对方用拳头敲桌子，是想强调自己的观点，不让别人说话；

（10）用手指不停地敲敲打打。表明对方已经不耐烦了，想快点结束谈话。你再说下去，他也不愿意听。

## 4 如何透过装扮看透他人的本质

随着人类社会的发展与进步，人们的衣着打扮越来越形式多样，但是无论人们的打扮怎么变化，其装扮都能透露自己的内心世界、心理状况、审美观点、性格特征等。下面就来介绍一个人的装扮透露出的信息：

读心要点1：从服装看人心

服装是心灵自我显露的展示台。大文豪郭沫若曾说过："衣服是文化的表征，衣服是思想的形象。"意思是说，服饰打扮可以向外展示自己。

（1）喜欢简单朴素着装。这种人大多性格比较沉稳，为人比较真诚和热情。在学习和工作中，有踏实肯干的精神，而且还能做到客观和理智。但是这种人有些软弱，容易屈服于别人；

（2）喜爱穿同一款式衣服。这种人性格比较直爽，有很强的自信心，往往爱憎分明。他们的优点是做事果断，干脆利落，言出必行。缺点是清高自傲，自我意识强烈；

（3）喜欢短袖衬衫。这种人的性格是放荡不羁，为人随和、亲切的。他们喜欢创新，自主意识比较强，热衷于享受。他们心思比较缜密，任何时候都知道自己要做什么；

（4）喜欢穿长袖衣服。这种人大多数较为传统和保守，为人处世循规蹈矩，不敢推陈出新。他们缺乏冒险一试的精神，但又爱争名夺利，有较高的人生理想。他们的优点是适应力较强，把他们放在任何一个地方，他们也能迅速融入周围的环境，所以通常人际关系不错；

（5）喜欢宽松自然的打扮。这种人多是内向型的性格，经常以自己为中心，别人难以走入他们的生活圈子。他们想和别人交往，但是总会因为一些不如意，而以失败告终，所以他们没什么朋友，可一旦有，就是关系很好的朋友；

（6）喜欢花里胡哨的衣服。这种人多半虚荣心很强，爱炫耀自己，有些任性甚至飞扬跋扈；

（7）喜欢穿流行时装。这种人的最大特点是没有主见，不了解自己的审美观，情绪多不稳定，不安分守己；

（8）喜欢穿淡色便服。这种人大多比较活泼、健谈，喜欢结交朋友；

（9）喜欢穿深色衣服。这种人性格稳重，城府很深，一般比较幽默，凡事有长远计划，常有意外的举动，让人难以捉摸。

读心要点2：通过鞋子读人心

鞋子除了对脚有保护作用，还可以透露人的性格。

（1）始终穿一款自己喜爱的鞋子，穿破了再去买一双一样的。这种人思想相当独立，知道自己喜欢什么，十分重视自己的感觉，不在意别人的看法。他们做事谨慎，经过认真思考之后就会全身心投入。他们很重感情，对亲人、朋友、爱人非常忠诚，不会轻易背叛；

（2）喜欢穿细高跟鞋。有些女人特别喜欢穿细高跟鞋，虽然脚要受些折磨，但她们不在意。这种女人表现欲望很强，希望引起异性的关注；

（3）喜欢穿时髦鞋子。这种人追求流行，没有主见，缺少考虑，表现欲和虚荣心较强；

（4）喜欢穿运动鞋。这种人对生活充满积极乐观的态度，为人亲和自然，生活比较随性；

（5）喜欢穿靴子。这种人自信心不是特别强，穿靴子在一定程度上能给自己带来自信。另外，他们的安全意识强烈，懂得在适当的场合把自己隐蔽起来；

（6）喜欢穿拖鞋。这种人是轻松随意派，追求自己的感觉，不在意别人的看法，注重享受，绝不苛求自己。

读心要点3：从女人化妆看人心

（1）喜欢化淡妆。这种女人表现欲不太强，只要求过得去，简单涂抹就行。她们多属于聪明和智慧型的女人，不会把时间耗费在化妆上。她们有自己的想法，敢打敢拼；

（2）喜欢化浓妆。这种女人表现欲强烈，不辞辛苦把化学药剂喷洒在脸上，为的就是引人注意。她们的思想前卫而开放，对一些大胆偏激的行为保持赞同，不在意一些恶意指责，但她们懂得尊重别人；

（3）喜欢化异国妆。这种人想象力比较丰富，有很多艺术细胞，希望成为艺术家，向往自由，渴望无拘无束，想法独特，令人诧异；

（4）喜欢化怪妆。有些女人把眼皮弄得黑乎乎的，嘴唇弄得大红大紫，把脸颊涂得红红的。这种人清楚自己的追求并不美丽，她们只是把这种方式当做一种宣泄，她们通常有强烈的反抗心理。

## 5 如何读懂上司的身体语言信号

有这样一个故事，对老实人与上司打交道非常有启发意义：

有个举人经过三次考试，又参加候选，最后得到了一个职位——山东某县县令。他第一次拜见上司时，想了半天也不知道说什么，过了一会儿突然打破沉默，问上司："大人，请问贵姓？"上司一听，大吃一惊，心想：你居然连我姓什么都不知道吗？但是上司还是勉强说了自己姓什么。

县令听了以后，低头想了很久，说："大人，百家姓中好像没有这个姓啊！"上司一听，再次吃惊，说："我是旗人！"

县令说："大人，你在哪一旗？"

上司不悦地说："正红旗。"

县令说："大人为什么不在正黄旗呢？正黄旗最好啊！"

上司勃然大怒，问："贵县来自哪个省？"

县令答道："广西。"

上司说："你为什么不在广东省呢？广东才是最好！"

县令无言以对，他吃惊地发现上司满脸怒气，赶紧灰溜溜地走了出去。第二天，上司令这个县令回去。

什么原因呢？因为他不会察言观色，不懂得读心术，不懂上司的心理。在与上司打交道的过程中，如果你善于读懂上司的身体语言信号，随机应变地与上司相处，那将是一种不可多得的本领。这样才能保证和上司相处得愉快，让上司对你产生好感，从而获得上司的信任与重用。

当你走进上司的办公室时，发现上司一面往别处看，一边问你有什么事，这时你知道上司的心理吗？当上司和你讲话，心不在焉时，你知道上司在想什么吗？当上司和你说话，却不看着你，你知道上司想表达什么意思吗？如果你不懂得上司这些身体信号，那么你就很容易在不知不觉中给上司造成不悦，这对你的职业发展是非常有害的。

其实，当上司一边往别处看，一边和你说话时，说明你的突然闯入打断了他的思路，影响了他正在做的事情；当上司和你说话心不在焉时，说明他这个时候没有心思与你交流；当上司说话不看着你时，说明上司不想评价你，不愿意理睬你。聪明的你在这几种情况下还是赶紧找个理由告辞吧，免得影响上司对你的印象。

因此，在与上司的交往中，只有多观察他的言语、表情、手势等不经意的小动作，读懂上司的心理，才能取得理想的交流效果。下面就来介绍几种上司经常出现的身体语言信号所表达的意思。

第一，读懂上司眼神透露出的信息。

如果上司从下往上看你一眼时，表明他想支配你，有着自负的意味；

如果上司不眨眼地盯着你时，表明他想获知更多的情况；

如果上司微笑地看着你，偶尔眨巴眼睛时，表明他喜欢你；

如果上司用锐利的眼光盯着你看时，表明他想显示自己的权威和优势；

如果上司的目光与你相遇后马上躲闪，表明他缺乏信心，连直视你的勇气都没有。

第二，透过上司的手势来读懂上司。

上司在与员工、下属打交道的时候，经常会附带手势，手势也非常容易泄露上司的内心秘密。比如，上司的手势夸张，那表明他是个对外界变化非常敏感的人，容易受到别人的影响，是个苛刻的人，是个软弱的领导人。

当上司双手合拢，从上往下压时，表明他想让内心平静下来；

当上司双手叉腰，双手向外时，象征着一种命令和威信，同时也是在告诉别人：我要支配你们；

当上司坐在椅子上，上身往后靠，双手交叉放置脑后时，这是一种自负的表现；

当上司用食指指着你时，表明他要支配你；

当上司站在那里，双手平静地放在背后时，表明他内心有一种优越感；

当上司拍你的肩膀时，表明他在安慰你、鼓励你，显示他的宽容；

当上司双手交叉在一起，只有两个食指伸出来，放在嘴边时，说明他已经做好了拒绝听你讲话的准备；

当上司的手捏成拳头时，表明他想维护自己的权威和观点，如果他还使劲地敲桌子，那言外之意就是让大家别说话。

第三，通过上司的笑声来读懂上司的内心。

体态语言专家们认为，眼睛、嘴巴、手势、表情等，很容易泄露人的心理。

当你发现上司“哈哈”大笑时，要明白这时他很放松；

当你发现上司“嘻嘻”的嗤笑时，要清楚他是在幸灾乐祸；

当你发现上司“嘿嘿”笑时，要知道他这是在讥讽或者蔑视，这是一种狂妄自大、自恃清高的表现。

## 6 如何透过办公桌细节看透你的同事

虽然你每天都和同事们一起共事，但是你真的了解他们吗？如果你真的了解同事的性格，善于通过细节读懂同事的内心，那么你和他们相处、合作时就会更加得心应手。

心理学研究表明，一个人平常无意间流露出的动作，可以表明那个人的本性，虽然不是百分之百的准确，但是很多时候，人的身体语言还是很能说明问题的。如果你想了解你的同事，不妨从他们的办公桌的情况来读懂他们的内心吧！

情况1：办公桌上各种资料乱放

办公桌上摆放了各种各样的资料，摆放没有规则，没有轻重缓急之分。一般来说，这类人做事有个通病——虎头蛇尾、马马虎虎、主次不分。他们的注意力常被无关紧要的事情分散，难以集中起来处理重要的事情。虽然他们想改变这种状况，但是他们自我约束能力较差，经常向自己的弱点妥协，然后找各种理由来安慰自己。

情况2：经常更换放东西的位置

今天这样摆放文件，明天那样摆放，可谓变换无穷。一方面，这种人往往有很强的进取心，懂得及时调整自己，不断修正和完善自己。但另一方面，他们往往喜新厌旧，做事没有恒心，性子较急，经常毫无理由地焦虑不安。

情况3：桌面和抽屉都非常脏乱

抽屉里、桌面上全都乱七八糟，经常要花时间去找东西，这种人是粗线条的性格，为人热情，性格随和，做事只凭自己的喜好，但只有三分钟的热情，没有恒心和毅力。他们思考问题不周密，也没有长远的规划。在工作上往往是想到哪里做哪里，经常出错，也不会从错误中反省自己，吸取教训。这种人为人大大咧咧，不拘小节，颇受大家的欢迎。

情况4：桌面整洁干净但是抽屉一团糟

桌面上整洁干净，但是抽屉里却是一团糟，这种人往往注重表面现象，没有足够的智慧，做事不脚踏实地，喜欢耍小聪明。这类人性格多外向开放，懒惰散漫，情绪变化快，为人处世不太可靠。值得老实女人注意的是，这种人比较幽默，但也比较“花心”，人际关系看似不错，但事实上没有几个真心的朋友。

情况5：桌面和抽屉都非常整齐

桌面上、抽屉里都非常整齐，所有的文件都会按照一定的次序摆放，看起来相当规整舒服，这种人一般办事效率较高，工作态度认真。这种人生活很有规律，凡事喜欢拟定计划，然后按计划行事。他们一般很珍惜时间，喜欢精打细算地利用时间，然后做有意义的事情，但是这种人往往也有点墨守成规，缺乏冒险精神，不擅长创新，应变能力也稍差一点。另外，这种人个性正直，有些顽固，他们非常重视社会规范，只会跟少数人亲近。

情况6：办公桌上摆有纪念意义的物品

习惯在抽屉里、桌子上放一些具有纪念意义的物品的人多是比较内向的。他们有一些怀旧情结，总是希望珍藏一些美好的回忆。他们不太善于交际，因此朋友不多，但仅有的几个却是非常要好的。他们很看重和这些人的感情，所以会分外珍惜。但他们比较脆弱，心理承受能力差，容易受到伤害，而且做事也缺少足够的毅力和恒心，常常会在困难和挫折面前畏首畏尾甚至不战而退。

情况7：桌上放着很多与工作无关的东西

桌子上有玩具、照片，还有一些有趣的小东西，这种人一般非常有个性，拥有独特的美感与创意，但是个性太强，缺乏协调性。他们对任何事都是爱憎分明，因此，对别人的评价往往非好即坏，趋于两极化。

除了观察办公桌上的摆设情况，你还可以观察同事整理办公桌的方式，以此了解他们的内心：

情况1：大概整理一下办公桌

有些人只是把办公桌大概整理一下，然后就不管了。这种人做事往往半途而废，开始很有干劲，但是到后来就开始放任自己。他们非常在意别人的眼光，也会按照别人的意思去行事，人际关系挺好，但是他们很难敞开心扉与人交往。

情况 2：下班时把桌子整理干净

有些人尽管上班的时候桌面很乱，但是在下班的时候，他们会把办公桌整理干净。这种人一般对什么事看得都比较淡，又懂得如何面对周围的环境。他们在意别人的评价和眼光，不会轻易说出自己的真实想法，非常讨厌别人指出自己粗心大意的地方、丢脸的事情，甚至会因此和别人翻脸。

情况 3：下班时把未做完的工作放着

有些人非常讨厌整理桌面，认为这是一种痛苦，因此，总是把东西放在桌面上，下班了也不收拾。这种人心里想的是，明天可以接着未做完的工作继续做，他们不在乎别人的眼光，喜欢我行我素，喜欢按自己的想法行事。

## 7 从生活细节中了解朋友的个性

“滴水见日，见微知著。”要想看清你周围的人，了解你朋友的真正个性，不妨多观察他们的生活细节。说这话一点都不夸张，因为生活细节能够非常准确地反映一个人的个性心理，不信你就来看看，绝对准得让你大惊失色。

如果你发现朋友条件反射式地去关门、拉窗帘，尤其是在他说一些私密话的时候做出这种动作，说明他以前有过偷窥别人的经历。

如果你的朋友喜欢吹牛，对什么事情都夸大其词，给人一种狂妄的感觉，说明他内心有一种自卑感，他想通过吹牛来缓解或掩盖内心的自卑。

如果你的朋友喜欢照镜子，说明他非常注重仪表，希望更性感，当然，这种人通常相貌很不错，并且对自己的相貌十分自信。

如果你的朋友一味客气，即使你和他关系特别好，他也这样对你，让你觉得有一种不真实的感觉，请珍惜他，因为他的行为表明他曾在人际交往中受过严重的挫折。当然，还有一种情况是，他或许根本没有把你当成朋友，对你很提防、很谨慎。

如果你的男性朋友总是一本正经，见到别人讲荤段子就表现出愤慨，你要小心了，因为有时候讲荤段子的男人并非真的色，相反，有些从不讲荤段子、一本正经的男人，反而也有可能是“色狼”。

如果有人跟你说话时，下意识地用手遮住嘴巴，这说明他很没有安全感，可能是早年父母离异，或者童年生活曾留下心理阴影，这种人一般很难从内心接受别人、信任别人。

如果你发现朋友喜欢逛黑夜，那么说明他内心非常寂寞。如果你想和他搞好关系，那就多和他交流，或许这样能让他感觉好一些。

如果你发现朋友对爱情不屑一顾，喜欢耍狠斗硬，那说明他对爱情很忠贞，非常渴望爱情，对伴侣通常也会很好。这是真正的“刀子嘴、豆腐心”。

如果你的朋友总是很开心，而且你发现他开心得有些超常，那么他很可能有心事，他只是在用开心掩饰内心的苦闷。

如果你的朋友喜欢边说话边笑，让你感到很愉快。一般来说，这种人大都性格开朗，对生活不苛刻，懂得知足常乐，富有人情味，重视友情，人缘好。

如果你的朋友喜欢掰手指节，习惯性地把手指掰得“咯嗒、咯嗒”地响，通常来说，他精神旺盛，非常健谈，对事业、工作有些挑剔，爱钻“牛角尖”，他会很踏实、不计任何代价地去实现自己的目标。

如果你的朋友喜欢抖腿，通常来说，他是自私的，不太考虑别人的感受，凡事喜欢从自己的利益出发，对别人很吝啬。但是他很善于思考，经常提出一些别人意想不到的问题。

如果你的朋友喜欢拍打头部，这个动作表示懊悔和自我谴责。这种人对别人苛刻，但对事业充满进取的精神，而且一般心直口快，为人真诚，愿意帮助别人，但是守不住秘密。

如果你的朋友喜欢耸肩摊手，做出表示无所谓的姿态，一般来说，这种人为人热情诚恳，极具想象力，懂得享受生活，喜欢追求和睦的生活环境。

如果你的朋友爱抹嘴捏鼻，那么一般来说，这种人喜欢捉弄别人，但是敢做不敢当，爱好哗众取宠。这种人最终会被人利用，别人叫他做什么，他可能就去做；购物的时候经常拿不定主意，做决定时喜欢优柔寡断。

如果你的某个朋友经常低头，说明他是慎重派。这种人讨厌过分激烈、轻浮的事，通常比较勤劳，交朋友也很慎重。

如果你发现某个朋友喜欢两手腕交叉，说明他对事情有独特的看法。这种人常给人冷漠的感觉，属于容易吃亏型，略微有些自我主义的人。

如果你发现某个朋友喜欢摸弄头发，说明他是一个情绪化的人，经常会感到郁闷焦躁。

如果你发现某个朋友爱四处张望，通常来说，这种人具有社交性格，属于乐天派，对什么都感兴趣，但是有明显的好恶感。

如果你发现某个朋友喜欢摇头晃脑，说明这个人特别自信，以至于有些唯我独尊，他们在社交场合善于表现自己，对事业有一种一往无前的付出精神。

## 8 少数人才懂的攻心智慧：投其所好

俗话说：“看人下菜碟。”与人交际，也应该投其所好，这不是逢场作戏，也不是曲意谄媚，更不是虚伪狡诈，而是一种厚黑说话的艺术。

其目的是让别人对你产生好感，与他人进行有效地交流，从而达到顺利办事的目的。

身为女人，说话一定要看对象，因为一千个人眼里有一千个哈姆雷特。同样一句话，你说给张三听，张三会笑眯眯地和你握手，帮你办事。你说给李四听，李四可能勃然大怒，赶你出门。因此，坚持因人而异、投其所好的原则是非常有必要的，有的放矢、借力打力，才能直击人心，打通关系。

在与人交谈时，首先要考虑听话对象的身份地位、个性特点、兴趣爱好等投其所好，这样别人才爱听你说，你才能创造一种和谐、融洽的气氛，达到说话的目的。要想针对不同的对象说对方爱听的话，你在说话之前，就应该大概了解对方是什么样的人。这包括了解对方的身份、地位、角色，还包括了解对方的脾气秉性，以及对方和你关系的亲近程度等等。

和领导相处，你应该言辞谨慎，绵里藏针。这对领导是一种尊重，能让领导感到有面子，也有助于为你赢得领导的好感。否则，一旦语言过激，措辞不当，就容易惹恼上司，这对你没什么好处。一位女白领参加工作不久，有一天，她冲到领导办公室抱怨："总经理，我工作努力，短时间给公司创造了很好的业绩，大家有目共睹。你为什么不提拔我？不给我加薪？"领导先是一惊，大怒："工作努力就了不起了？给公司创造业绩了就了不起了？就冲你这态度，我就不会提拔你、也不给你加薪，你爱干不干……"

大多数领导都是好面子的，如果你不顾对方的面子，心急火燎地与之来硬的，无疑是鸡蛋碰石头，事情没办成，反而碰得头破血流。如果女白领懂得委婉、谦虚地说话，暗示领导提拔自己，给自己加薪，或许更有效。

和同事相处，你应该多一点谦虚，多一点赞美。同事之间，表面上"你好我好大家好"，实际上暗中相互较劲，都希望自己比别人强，因此，如果你与同事说话时谦虚一点，对别人多一点赞美，那么更容易赢得大家的好感，获得大家的帮助。

和男朋友或老公说话，应该多一点理解，多一点鼓励。男人需要被肯定，特别是女朋友和老婆的夸奖，夸奖要切中要害、要适度，不要过分渲染，否则会显得虚伪。比如，有个女人很聪明，她的老公是一位临时工，没钱也没地位。她经常在床头对老公说："虽然你目前工作不稳定，在单位也没什么地位，但是在这个家中，在我心里，你是顶天立地的男子汉。"这句话给了老公很大的鼓励，让老公充满动力。

和长辈交流，则应该多一点柔情，多一点示弱。女人在和父母或公公婆婆说话时，应该做到尊重老人，关心老人，体贴老人，如此，才能让老人感受到晚辈的孝顺，这样你才能和长辈愉快相处。

与沉默寡言的人打交道时，你最好采取直截了当的方式与之对话，比如，你直接问他："我有两种办法，第一种是……第二种是……你觉得哪个好?"

与傲慢无理的人打交道，你的语言应该简洁有力，切忌啰唆，因为多说无益，再者，与这种人打交道要小心为上，不要得罪他们，免得吃亏上当。

与优柔寡断的人打交道，你应牢牢抓住主动权，用自信的口气与他说话，多用一些肯定性的语言，多做出回报性的承诺。如此，才能赢得他们的帮助。

与知识渊博的人打交道，你应该多听少说，同时还要适时给予真诚的赞许。说话要抓住要点，不宜废话连篇，这样更容易达到办事目的。

与性格急躁的人说话，要保持饱满的精神，清楚、准确而又有效地回答对方的提问，不宜拖泥带水，否则他们可能失去耐心。

与猜疑心重的人打交道，你要表现出足够的诚意，对他的疑惑和担忧表达足够的重视。这样一来，他会更加信任你，从而给你提供帮助。

可见，在日常的人际交往中投其所好，其实是人脉"投资"的极大智慧，也是最受人欢迎的交际方式。当你对同事说"你真行，这么棘手的问题，你几分钟就解决了，真让人佩服”时，你仔细观察一下他的表情，那肯定是由内而外散发出来的自豪。这样一来，下次当你遇到困难时，再找他帮忙，他肯定会很乐意相助的。

投其所好的技巧有二：第一，巧妙地赞美别人。赞美别人的时候，一定要注意赞美的时机，以尊重对方的感受为原则。当别人情绪低落的时候，或不顺心的时候，你过分的赞美反而会让对方觉得不真实。所以，在赞美之前，一定要考虑对方的心理状态，注意赞美的时机。

当面赞美别人，虽然能让人感到高兴，但最让人感到你的真诚，最容易让人对你产生好感的，莫过于在背后赞美别人。因为当面赞美别人，别人可能觉得你是在有意讨好他，而你在背后赞美别人，别人则会相信这是完全发自真心的，是没有水分的。因此，背后赞美别人，更容易打动别人。

第二，有目的地开展“感情投资”。人情就像一张存折，你的人情存折中积蓄越多，你一生的财富就会越丰厚。人情是一粒种子，你把这粒种子种入别人的心田，你就会收获更多的朋友，你的社交会变得富有人情味，将来你也会收获成功的累累硕果。

有些女人对别人进行感情投资时，只有三分钟热度，而不是进行持久的、细水长流般的感情投资，这是感情投资的一大弊病。聪明的女人应该坚持以情动人，所谓“路遥知马力，日久见人心”，只有长期的感情投资才能结出你想要的果实，毕竟人与人之间的理解与信赖需要一个过程。尤其是你和陌生人之间，要讲究以心换心、以情动情。

# 第七章 通晓人际规则，让女人博万千宠爱于一身

你想走到哪里都受人欢迎吗？你想博万千宠爱于一身吗？如果想，那就从现在开始，通晓人际关系潜规则，学会与人相处的艺术吧！不要锋芒太露，不要咄咄逼人，不要显得比别人更聪明，不要为了面子打肿脸充胖子，而要学会示弱，学会给别人台阶下，适时地照顾别人的感受。

## 1 女人行走江湖，一定要懂点人情世故

在日常交往中，很多女人往往习惯于表现自己的强项、优势，在别人面前展现自己的优越感，以为这样可以在别人心目中留下好感。殊不知，这种做法是非常愚蠢的，往往会适得其反，招人嫉妒。

珍珍大学毕业后，进入了一家机关单位。她是学中文的，加上平时爱好读书和写作，因此，写作能力在工作中被她发挥得淋漓尽致。每次领导交代任务，她都会出色地完成。再加上珍珍的精力充沛，工作认真，因此，进单位不久，就深得领导的器重。

每个月珍珍都会利用业余时间写文章投稿，基本上每个月都有稿费单飞来，这让她在单位无限风光，让同事羡慕不已，也让同事心生嫉妒。最开始，机关里那些还在原地踏步的老同事用酸溜溜的语气对珍珍说："珍珍，又来稿费了？挣百八十块钱不容易吧，我看你的眼睛都红肿了，昨晚熬到凌晨几点啊？"

接着，那些年轻的同事也心里不平衡了，看到珍珍拿着荣誉证书，就去领导面前告状，说珍珍利用上班时间写自己的文章，赚自己的小费，上班时间用公司电话给家人打电话……其实，这不过是一些鸡毛蒜皮的小事，被同事这么一说，显得很严重。

领导找珍珍谈话："你还年轻，有了成绩不能骄傲，有小毛病一定要改，不然就会酿成大错……"虽然语气委婉，但珍珍心里依然不是滋味。对于那些无聊的告状，珍珍非常恼火，她不知道自己做了什么事情，为什么大家都会看不惯自己？

当你比别人成功，比别人幸运时，你就很容易招人嫉妒，这是人际

交往中的常见现象。这时你生别人的气，和别人大吵也没用，只能让别人更反感你，最好的办法就是主动示弱，以平复别人的嫉妒心理。

要知道，在人类的天性中，对弱者会有一种同情心，对强者会有一种嫉妒心。有了同情心之后，关心、照顾和帮助就会随之而来；有了嫉妒心之后，敌对、打击就会从天而降。因此，聪明的女人如果不想在无形中树敌，而是想获得更多人的“厚爱”的话，就应该学会示弱。

示弱可以减少别人对你的嫉妒和不满，还能拉近你和别人的距离。尤其是当你是出色的人物、成功者时，更应该学会向别人示弱，以消除大众对你的排斥心理。比如，有位政治家在接待记者的时候，故意喝一口刚泡好的咖啡，然后大嚷道：“啊！好烫！”咖啡杯随之滚落在地。

接着，政治家又把香烟倒着插入嘴中，准备在过滤嘴处点火。这时记者提醒他，他才慌忙地拿正。其实，这位政治家是故意这么做的，目的就是通过示弱让记者明白：政治家这样的大人物也是普通人，也会犯低级错误，以消除记者对他的距离感，增加自己的亲近感。

既然女人性格中本来就有温柔的成分，何不用示弱的方式来博得别人的宠爱呢？示弱既能使不如你的人保持内心的平衡，有利于你的人际交往，又能让人对你产生同情之心，继而愿意接近你、帮助你。特别是在家庭生活中，女人不要做一个无所不能的太太，而应该放下盛气凌人的姿态，学会向男人示弱，这才是女人智慧的表现。大家都知道这样一个经典的故事：

当年撒切尔夫人担任英国首相时，曾发生过这样一件事：参加完就职典礼后，撒切尔夫人回到家里，敲门声惊动了丈夫。丈夫问：“谁啊？”撒切尔夫人洋洋得意地说：“我是英国首相！”结果丈夫半天也不来开门。撒切尔夫人恍然大悟，马上改口说：“亲爱的，开门吧，我是你太太。”很快丈夫就开门了，并给了她一个热烈的拥抱。

在这里，撒切尔夫人通过示弱让丈夫开了门，并获得丈夫的热烈拥抱。可见，示弱的魅力非常大，女人示弱可以给男人足够的面子和足够的信心。在婚姻中，和男人相处是一门艺术，只有懂得妥协的女人才会让男人更加爱你。而一个不懂得示弱的女人，或许她很能干，很能持家，但是很可能不被男人疼爱。

燕子是个争强好胜的女人，她做事果断，能吃苦，善于持家，无论多累，家里的大小事她都一人包了。按理说她这么能干，丈夫应该觉得自己很幸福，应该会很珍惜她。可事实上并不是这样，她经常抱怨丈夫没良心，一点忙都帮不上，一句体贴的话都不说，经常懒懒散散的，好像家里的事他没有责任做一样。

为什么燕子的丈夫会这样呢？其实，最开始的时候，丈夫见燕子经常忙里忙外，也会主动做家务，但是燕子觉得丈夫做得不好，于是她又做一遍。丈夫心想：我做完你还要做，我不是白做吗？既然你觉得我做不好，那你做好了，我还懒得操心呢！就这样，丈夫不愿意做家务了。

无论你在工作中多么能干，在与人交往的时候都应该放低姿态，保持谦虚，适当示弱。回到家里，一定要放下那副盛气凌人的气势，否则，没有哪个男人会喜欢你。因为家是温暖的港湾，而不是比强悍的地方。

总而言之，无论是在工作中，还是家庭生活中，亦或是在平时的生活中，如果你想有一个好人缘，想处处受人欢迎，就有必要学会示弱。示弱的女人才可爱，示弱的女人才好命，示弱的女人才会博得万千宠爱。

## 2 学会示弱，让人情不自禁想帮你

曾有一位经验丰富的驯马师，他告诉人们一个规律：“性情暴烈的马，生命是短暂的，因为难以被驯服，最后不免被人杀死食肉。而那些性情温驯、懂得‘示弱’的马，由于比较容易被驯服，因此，往往会被人精心喂养，以期望有朝一日能在赛场上夺冠。”

其实，人类何曾不是像马一样？现实生活中，很多人都想比别人强，谁也不愿意服别人，结果经常得罪人，给自己树敌。而真正的强者、真正有智慧的人则不会处处争强好胜，他们懂得示弱，懂得适时进退。

作为女人，也应该懂得示弱的智慧。示弱不是在困难面前退缩，也不是在强者面前认输，一句话：示弱不等于软弱，而是一种处世的智慧。示弱可以保存自己的实力，可以赢得别人的同情和帮助，可以顺利地达到自己的目的。

某电视台有一位女记者，她在谈到自己出道的经历时，说了这样一句话："如果你想采访弱者，就要想办法让对方同情你，这个时候你要学会示弱。"她之所以有这样的经验，完全得益于当时一位老记者对她的指导。

有一次，她去一个山村采访一名孤独症儿童。然而，事情进展得并不顺利，因为那个孩子的母亲拒绝接受采访。在这种情况下，女记者想起了老记者曾对自己说过的话，于是她一个人静静地站在门外，一直等到天黑，也没有吃饭。

当那个孩子的母亲发现她时，她的眼角已经流出了眼泪。那位母亲觉得奇怪，就关切地问女记者怎么了。女记者说："我想起了家里的母亲，她和您一样伟大，含辛茹苦地把孩子抚养长大，把自己的一切都奉献给了孩子，只可惜我能力有限，无法报答她，想到这里，我忍不住流泪了。"

那位母亲被这位女记者的眼泪打动了，她邀请她进屋吃饭，然后和她谈起了自己家庭的情况。再接着，她接受了女记者的采访。

事实上，那位女记者流泪是一种示弱。在这里，我们暂且不提她的眼泪是发自于心，还是假意伪装出来的。总之，她通过示弱的办法冲破了那位母亲的心理防线，赢得了对方的同情和帮助，最终顺利地完成了采访任务。由此可见，示弱真的是一种不错的办事策略。当然，如果是假装流泪，那则是一种高超的处世智慧。

女人原本是温柔、柔弱的女子，虽然内心很坚强，但是没必要给人太过强硬的外在形象。因为，没有哪个人喜欢和一个强势、强硬的女人为伍，也没有哪个男人愿意和强硬、强势的女人谈恋爱、结婚。女人之所以是女人，就是因为她有柔弱的天性，有被人呵护、关爱的天性。因此，女人向男人示弱，并不是什么丢人的事情。

当一个女人学会了示弱，她的男性同事才有机会“怜香惜玉”，她的女性朋友才愿意对她倾诉衷肠，她才能赢得更多男性的追求，才有机会享受“女王”的优厚待遇，从而过上小女人的幸福生活。

著名的小品演员宋丹丹曾在自己的《幸福深处》一书中记录过这样一个故事：

有一次，她要打点行李出差，丈夫主动帮忙整理衣物，说她的行李箱太小了，应该换个大点的。宋丹丹不这么认为，她折腾了一番，把衣物都塞进了箱子。就在她洋洋自得的时候，丈夫却气鼓鼓地说：“你，你为什么剥夺别人幸福的权利?”

宋丹丹听了这句话，立刻恍然大悟。因为在老公看来，能为所爱的人操办小事，也是一种幸福和乐趣。从那以后，好强的她开始学会了示弱。遇到困难时，她总会问丈夫的主意：“这件事该怎么办呢?”“那事就靠你了!”最开始她还是只有意而为的，慢慢地，她养成了示弱的习惯，遇到事情经常让丈夫帮忙处理或决策，这让丈夫感到非常愉快，也让自己感到很幸福。

著名作家张爱玲曾说过：“善于低头的女人是厉害的女人。善于低头，不是一味低头，一味低头的女子是真正的弱女子。”所以，女人们，学会示弱吧，示弱才能获得别人的帮助和爱护，示弱才能获得更多的幸福和快乐。

## 3 学会给对方一个台阶下

俗话说："人活一张脸，树活一张皮。"爱面子是人类的天性，给别人台阶下，给别人留面子，不仅能获得对方的信任与好感，还有助于树立自己良好的社交形象，从而使你更加受人欢迎，相反，不给别人台阶下，不照顾别人的面子，既害人又害己。

春兰喜欢公司的一个男同事，她把这件事告诉了好朋友刘纯。一开始，刘纯是个忠实的听众，但时间长了，她觉得那个男同事根本不喜欢春兰，觉得春兰太傻了，于是对春兰说："春兰，如果对方对你不感兴趣，你这样就显得太卑微了！"

春兰笑着说："卑微？你去年还不一样，你暗恋一个老男人时怎么不觉得卑微呢？"

刘纯没想到好朋友把自己过去的伤疤捅了出来，气得一时间语无伦次："你……你怎么能这样说我呢？我最后……最后不是放弃了吗？可不像你现在这么执着。"

春兰不怀好意地笑道："什么放弃，你暗恋那个老男人快一年了，你还好意思说，我都感觉丢人，别人都有家室了……"

刘纯被春兰的这番话彻底刺伤了，她扭头就走，从此再也不和春兰来往。

春兰不但揭了刘纯的伤疤，还毫不留情地讽刺她，这让人真的难以接受。如果春兰聪明一点，及时住口，给刘纯台阶下，或许不至于闹得朋友关系破裂。

俗话说："金无足赤，人无完人。"当你发现别人的错误与不足时，千万不要抓着不放，“把人一棒子打死”，而要学会给对方一个缓解的余地，给对方一个台阶下，这样既能赢得别人的感激，又能显现你良好的个人修养，何乐而不为呢?

有一次，王红和丈夫在新房装修风格上有了分歧，两人为此大吵一架。丈夫情绪失控，“离婚”二字从嘴里蹦了出来，还随手把一千多块钱的手机摔碎了。

事后丈夫想起和王红结婚时的约定，觉得无论怎样都不至于说“离婚”，他觉得自己太小题大做了。虽然他为自己说的话感到后悔，但是碍于面子，他硬是一天没和妻子说话。

晚饭时，丈夫打开冰箱，看见什么吃的都没有，顿时觉得好失望，于是叹了一声气。王红在客厅听见丈夫的叹气声，探头看了一眼，虎着脸说：“你饿了吧，我来给你做饭，等会儿我们还要一起看喜剧片呢!”丈夫不好意思地点了点头。

吃完饭后，丈夫和王红靠在床上看喜剧片，突然，王红对丈夫说：“老公，你说了不该说的，伤了我的心，快吻我一下，弥补一下我。”丈夫马上很听话地吻了王红一下……

在人际关系战争中，愚蠢的女人往往咄咄逼人，火上浇油，一根筋到底；聪明的女人则懂得适可而止，给对方一个台阶下，给对方留一点面子。王红就是这样的女人，她懂得再给丈夫一个台阶下，及时缓和吵架造成的不愉快，这样做往往会让夫妻关系更加亲密。

当然，给人台阶下是需要技巧的，一般来说，有以下几种技巧：

技巧1：面对尴尬的气氛，说点好听的

给别人台阶下不只是简单地让着别人，比如，当两人之间的气氛非常尴尬时，你不妨说点好听的，不管你说得对不对，只要说几句赞美的话，就是给对方台阶下。

有一次，朱元璋在金水河边钓鱼，解缙陪同在一旁。钓了一上午，也没钓到鱼。突然，朱元璋要解缙写一首诗纪念一下今天的空手而归。这不是难为解缙吗？鱼没钓到，还要写诗，真不知怎么下手。但解缙的才华不是浪得虚名的，他思考了一下，就说："数尺纶丝入水中，金钩抛去永无踪，凡鱼不敢朝天子，万岁君王只钓龙。"朱元璋听了解缙的诗，怒气一下子消了许多。

在这里，解缙面对朱元璋的尴尬，写了一首诗宽慰朱元璋，给朱元璋台阶下，很好地缓解了现场的尴尬气氛。聪明的女人不一定要会写诗，但一定要会说赞美的话，特别是在两人气氛尴尬的时候，适当说句赞美的话，让别人听着高兴，尴尬气氛自然就消散了。

技巧2：面对别人的请求，拒绝不能太绝情

当别人请求你时，你想拒绝别人，但是要注意方式方法，给人退路和面子，这样才不会使对方难堪。拒绝的时候，不能把话完全说死，你可以用拖延说"不"。比如，有位男士请你跳舞，你可以说："以后吧，有时间我会约你的。"让对方明白，这次拒绝，下次还有机会。

技巧3：面对别人的错误，委婉地指出来

有这样一个故事：

有位男客户来退西装，售货员张女士发现西装有洗过的痕迹，但她没有说破，而是给顾客找了一条退路。她说："可能您的家人不小心搞错了，把西装送去洗了。我以前也有类似的情况，有一次，我稀里糊涂地把一堆衣服拿去洗……和您一样，不是吗？您看，您的西装有洗过的痕迹。"客户听张女士这么说，马上道歉："哦，真对不起，可能是我妻子不小心把我的西装洗了，那我不退了。"

张女士是聪明的，她懂得给顾客一个台阶下。在生活中，谁都可能有错误或失误，这个时候，我们不妨宽容一点，给人一个台阶下。这样你才容易赢得别人的好感和信赖，获得友谊。

## 4 有理也要让三分，尖酸刻薄是女人的大忌

中国有句俗话：“有礼也要让三分，得饶人处且饶人。”这句话告诉我们，凡事都应该适可而止，即使你有理，也应该适当让步，不要把别人逼到绝路。这种智慧不仅适用于生意场上的竞争，同样适用于同事之间的相处。

邓玲玲是一位硕士毕业生，在公司里，她的学历最高，而且口才极佳，办事能力也很强，颇受领导的赏识。每次开会，她都会抓住机会滔滔不绝地表达观点。当同事提出不同意见时，如果她觉得这个意见不成熟、不合理，就会毫不客气地当场驳斥。在她的伶牙俐齿下，同事往往被驳斥得颜面无存。

有时候，同事不小心得罪了她，她也会借开会发表意见的时机言辞相向，一点都不顾及同事的感受。要知道，在公司里，很多同事比她年长。可是，在她的观念里，只要自己是对的，别人是错的，就应该开诚布公地说，而没必要讲情面，因为她认为这是对事不对人。

可是，同事们对她是什么态度呢？不久，同事们就纷纷远离她，除了老板，大家都不愿意跟她说话，不愿意与她配合做好工作，她逐渐成了一只孤单的凤凰。最后，她只好选择离开公司，因为她感到自己的人际关系太糟糕。

邓玲玲老实吗？其实她是个非常老实的人，老实到有些死脑筋。事实上，她的能力不差，差就差在她不懂人情世故，不懂得给人留余地，忘了给别人留台阶，才导致人际关系危机重重。

有句话是这样说的：“一个人不讲理，是一个缺点；一个人硬讲

理、认死理，是一个盲点。很多时候，理直气‘和’远比理直气‘壮’更能说服人、打动人、感染人、影响人。就像《圣经》上说的那样——性情温良的，有大智慧。”一个女人如果认死理、硬讲理，不留一点余地给别人，不但无法消除眼前的“敌人”，还会导致身边的人疏远自己。

俗话说：“兔子急了会咬人，落水狗不能打。”为什么兔子急了会咬人呢？要知道，兔子原本是温顺的动物，不到万不得已是不会攻击别人的。但是如果它被逼上绝路，本能地会孤注一掷，反咬一口。落水狗为什么不能打呢？因为狗落水之后，原本就面临死亡危机，如果这个时候你打他，它会垂死挣扎，会对你造成不必要的伤害。所以，做人千万不能把别人逼上绝路。

有一家杂志曾访问25位杰出的财经界人士，让他们各说一句对自己一生影响最大的话。这些成功人士说出的话当然字字珠玑，其中最吸引人的一句话是出自时代华纳公司的董事长柏森斯之口，他说：“不要赶尽杀绝，要留一点退路给别人。”英雄所见略同，蒙牛集团前总裁牛根生也说过：“不要把你的竞争对手逼到绝路，也不要轻易激怒他……损人一千，自耗八百的蠢事不要干！”

如果你想处理好自己的人际关系，如果你想成为一个受人欢迎的人，那么，当你得理的时候要做的不是理直气壮，而是礼让三分。比如，放别人一马，原谅别人一次，别人会对你心存感激，日后可能会报答你；就算他不感激你，不报答你，也不至于和你为敌。这是人的本性，况且世界本来就小，职场的圈子就更小，人与人之间的变化却很快，说不定哪天被你礼让的人飞黄腾达了，到时候他可能还会帮你一把呢？所以，千万不要认死理，要学会得理饶人，给别人留后路，这也是给自己留后路。

## 5 不要让自己显得比对方更聪明

聪明，本是一件好事，但是如果你觉得自己聪明，于是处处显露自己的聪明，在别人面前表现自己的聪明，那你就太傻了。19 世纪英国政治家查士德·斐尔爵士，曾告诉他的儿子："你要比别人聪明，但是不要告诉人家你比他更聪明。"这句话非常有智慧。

为什么既要比别人聪明，又不能告诉别人你比他更聪明呢？这是因为人性的本能是希望自己更出色，如果一个人发现身边有个比自己更聪明的人，那么他就无形中被衬托得不如你。试问，谁希望自己不如别人呢？

有一位年轻的女律师参加一个重要案子的辩论。在辩论中，法官对年轻律师说："《海事法》追诉期限是6 年，对吗？"年轻律师愣了一下，然后直截了当地说："不，《海事法》没有关于追诉期限的规定。"

法庭内马上安静下来，气氛似乎降到了冰点。尽管年轻律师的回答是对的，但是法官并不高兴，反而脸色铁青。尽管最后法律站在律师这边，但年轻律师却当众表现得比一位声望卓著、学识丰富的法官更聪明，这对她日后的发展并不利。

毫无疑问，这位律师犯了"比别人聪明"的错误。她在指出别人错误的时候，为什么不能更委婉一点、更高明一点呢？要知道，不少人都有武断、偏见的毛病，不少人还自负、固执，他们不愿被别人当众指出错误，不愿意接受别人比自己更聪明的事实。所以，说话太老实并不明智，因此要学会委婉。

曾有一位先哲说过："如果你要得到仇人，就表现得比你的朋友优越吧；如果你要得到朋友，就要让你的朋友表现得比你优越。"这句话非常有道理，因为当我们比别人表现得更优秀、更聪明时，别人就会被比下去，就会产生一种自卑感，进而对我们产生嫉妒；而当别人表现得比我们更优越、更聪明时，他们就有了一种重要人物的感觉。

如果你在与人交往的时候，总能让别人从你身上找到一种优越感，获得一种自信和一种重要人物的感觉，那么别人一定会喜欢和你在一起，喜欢和你交朋友。与此同时，如果你能隐藏自己的实力，让对方在不经意间发现你的真实才华，那么别人心里会暗自佩服你，从而更加欣赏你。所以，有实力但不要轻易表现，聪明但不要随意张扬，这是一种做人的智慧。

我们要时刻记住，人都是有攀比心理的，关键是不要凸显自己的高人一等，而要善于把光彩让给别人，这样才能换得别人的认同、支持和帮助。否则，你只会失道寡助，在职场中郁郁不得志。

举个例子，公司来了一位女员工，她毕业于名牌大学，自认为学历高，口才好，爱表现自己，不把别人放在眼里。结果呢？结果大家都看不惯她，都不喜欢她，工作遇到了难题，就假装客气地向领导推荐她，说她能力出众，完全可以解决。结果，不到一个月，她就连续碰了几颗钉子，当初刚进公司时那股“舍我其谁”的锐气也不见了。从此，她变得低调起来。

总之，表现得比别人聪明，只能逞一时之快，而得不到长久的认同和支持，还会给自己埋下人际关系的祸根，是得不偿失的。所以，老实女人说话不要太直接、做事不能高调，必须牢记下面几点：

第一，正视自己与他人。

无论你在某方面是否有过人的天赋和才华，都没必要自傲自大，要知道“天外有天，人外有人”。因此，聪明的话还是赶紧调整心态，正视自己与他人的实力对比，保持低调谦逊的态度。

第二，适当地收敛自己的锋芒。

也许你真的有几把刷子，但如果你不懂得收敛锋芒，在职场上也是很难以立足的。因为锋芒太露容易没饭吃，容易无形中把别人比下去，容易招致别人的反感。所以，你应该认清形势，分场合、有选择地收敛锋芒，这样才能更好地在职场前进。

第三，允许不同意见的存在。

在日常交往中，很多问题都是“仁者见仁，智者见智”，根本没有正确的答案，因此，对于别人不同的意见，你没必要和对方争辩出谁是谁非，不妨包容别人的观点，欣赏别人的观点，允许不同意见的存在，这样才能更好地与人沟通，更好地维护人际关系。

## 6 甘当配角，把表现的机会让给别人

不知道你有没有发现，腼腆甚至有点木讷的男孩，更容易获得女生的好感；谦逊甚至有些卑微的员工，更容易得到上司的欣赏和信任；善于聆听甚至附和的妻子，更能得到丈夫的宠爱和关心。

为什么会这样呢？究其一点，这些人甘愿做配角，而把做主角的机会让给别人。反之，如果你处处争当主角，无形中让别人成为了配角，那么你就失去了亲和力，就会变得不受欢迎。

某传媒公司新来一位女员工，她的口才特别好，说起话来就像竹筒倒豆一样，哗啦啦地响；又像黄河之水，滔滔不绝。她思维缜密、旁征博引、抑扬顿挫，经常把人驳得不知怎么反驳，一时间哑口无言，好没面子。

后来，同事们都不愿意和她说话，比如，几个同事在聊天，见她过来了，就纷纷散去。同事们也不再和她争辩，她说什么大家权当没听见，懒得搭理。就这样，这个女员工被大家冷漠的态度孤立了。

或许你真的很优秀，但是你不一定要做主角。在与人交往中，你要做的是让别人喜欢你，而过于张扬、争当主角往往招人厌烦，因为你这样容易把别人比下去。也许你会说："我没有和别人比啊!"对，你本意不是和别人比，但是你成了主角，别人不就自然而然成为配角了吗?

所以，还是把主角让给别人吧，你去做别人的配角，让别人在你面前获得一种优越感，他们会更愿意和你打交道，更容易对你产生好感。不要认为配角只能替别人做嫁衣，对自己没有一点帮助。其实不然，只要你有能力，做配角一样可以成就一番事业。

赵本山是大家非常喜爱的"小品王"。谁与他做搭档，无疑都只能做配角，因为他的光芒太过强大，容易把别人的光环盖住，但是范伟不在意这些，和赵本山合作了很多小品。在舞台上，范伟只是想演好自己的角色，事实上他做到了，他把自己的配角演得非常出彩，最后，得到了观众们的认可。他获得了在电影《看车人的七月》中扮演主角的机会，并因此获得了第28届加拿大蒙特利尔国际电影节最佳男演员奖。

从努力做好一名配角，到最佳男演员，再到成为影帝，范伟用自己的成功经历告诉我们：只要你有才华，只要你努力，就算是做配角，你也一样会成功。当然，如果你暂时没有出众的才能，你就更应该脚踏实地地做好配角，等到你能力、条件具备时，你一定有机会做主角。

做配角不可怕，相反，做配角是你赢得人心的好办法。因为做配角表现出来的是一种谦虚的态度，一种合作的态度，你很容易散发出一种亲和力，给别人留下好感。而且做配角时，你能从主角那里学到想要的东西，主角也愿意和你分享他的处世技巧和工作技能，这样你会不断提高自己。

那么，怎样做才是一名合格的配角呢？比如，当你碰到大家都能做的事情时，不要抢着做。因为即使你做成了，别人也不会夸奖你，而且你抢着表现自己容易引起别人的不满，影响你的人际关系。但是，当别人做不了时，你及时站出来，这叫有担当。如果你表现得好，那你就很容易赢得认可。

再比如，当你和同事们开会商讨问题时，不要抢着发言，不要做结论性的言论，而应该把这个机会让给领导。而且在你提建议的时候，一定要注意语气，你可以说“我有个想法，不知道对不对……”这样显得你很谦虚，很低调。如果你对别人说：“我决定这么干，你看怎么样?”那你就显得有些狂妄了，容易招人反感。

值得注意的是，在人际交往中甘愿做别人的配角，不是让你一辈子当配角，有能力也不表现。而是说，在你羽翼未丰满的时候，做一名配角更有利于你成长；在你职位低人一等、年龄比别人小、资历比别人浅的时候，做一名配角显得你懂得尊重领导、长辈、前辈；在你与同事、朋友交往的时候，做一名配角显得你谦虚、低调、谦让，更有利于你赢得别人的好感，维护好人际关系。这才是做配角的意义所在。

## 7 不要为了面子，充做“全能女孩”

相对男人来说，女人更注重自己的面子，为了自己的面子，有时候也会稍微地装装样子，本来自己囊中羞涩，但是人家一句“这件衣服，你穿上去很显气质”，于是毫不犹豫地打开了钱包。当然，还有另外一类“全能”女人，也会为了自己的面子，不懂装懂，做一些让人觉得可笑的事情。

还记得《粉红女郎》中，四姐妹一起去日本的那段吗？去日本之前，哈妹声称她去过很多次日本，去日本对她来说就像回娘家，因为她对日本的潮流了解得比日本人还多。

当茹男一行到了日本，跌跌撞撞出大厅时，一名司机拿着写着名字的纸张过来，用日语问她们是不是谁谁谁，是不是订的哪家旅馆。几个人傻兮兮地看着哈妹。哈妹不动声色，看上去的确是很精通日语，不住地说着‘嗨’，嗨了一阵子后，司机请她们上了车。大家都很佩服哈妹懂日语。

不过，只有哈妹知道，自己实际上是稀里糊涂应付的。当司机把一行人带到一个叫做梦都的旅馆后，却受到了接待人的呵斥，因为她们不是对方要接的人，那个司机又回去找自己该接的人了。不过这次接人歪打正着，朋友给她们订的旅馆也是梦都。

但是以后的事情可是不好“忽悠”了。最终由于哈妹吹牛过了头，在日本她所有谎话都被拆穿了，而她也因此受到了龚喜等人的责怪，哈妹也觉得自己颜面扫地。

生活中总有些像哈妹一样的女人，为了自己的面子，喜欢不懂装懂，爱吹牛说大话，但是到了最后，谎言被拆穿，不仅让别人嘲笑，更是让自己没有了面子。当然，信用也就大大降低了。

面子是什么？如果不要面子可以生活得更好，我们又何乐而不为呢？但是，事情恰恰相反，有时候为了面子，我们却因此颜面尽失。千万别再不懂装懂了，承认自己也有无知的时候，这没什么丢脸的，没有一个人是全能的，有时看起来很简单的事情，也许对于你来说就是复杂的。

在生活中的一点小问题上不懂装懂，可能别人会会心地一笑，也就不去跟你计较了。不过人家可能从此以后对你敬而远之，因为在他们看来，你是一个没有一点自知之明的人，更多的人也会因为不信任你而拒绝和你交往。所以，我们看到那些喜欢不懂装懂的女人，交际都不是很好。当然，她们可能也会有一些朋友，那些无非是和自己一样，爱表现，同样是不懂装懂的人，反正大家哈哈一笑，就过去了，但是这样的朋友对自己又有什么帮助呢？

如果这些人在工作中仍旧不懂装懂，那么不仅自己学不到更多的东西，反而可能会给公司造成不好的影响。等到再去对老板说：“老板，我不大擅长……”此时，老板肯定火冒三丈，自然不会因为顾及谁的面子，而让他留在公司。因为对老板来说，这样的员工已经丧失了基本的职业道德。

对别人坦白本身就是人的美德，而如果不懂装懂，自以为是，那对别人来说就是欺骗。其实，当自己遇到不明白的事情时，完全可以让别人讲解清楚，请教自己不懂的问题本身就没有什么丢脸的，并且自己还增长了学问，所以，古人说“不耻下问”，也是这个道理。古希腊哲学家也说过“就我来说，我所知道的一切，就是我不知道”。对于这样学富五车的人都说自己是“我不知道”的，那么对于我们平常之人还有什么可以“显摆”的呢？

## 8 有些事看破但别点破，学会睁一只眼闭一只眼

虽说“无规矩不成方圆”，但规则之外，始终有人情。在职场上，我们会遇到各种各样的琐事，有些事情没必要看得太过“认真”，该糊涂的时候就应该糊涂点，只要不是原则性的问题，你就可以学学猫头鹰——睁一只眼，闭一只眼。

刘女士在公司里人际关系很好，只要她一进公司，前台的小胡就会跟她打招呼问好，公司其他员工与刘女士相处也特别融洽。年底评先进的时候，刘女士的名字赫然在目。作为一个普通的女员工，刘女士为什么会这么受认可呢？其实，只因为她会做人。

一次，刘女士经过前台时，看见小胡正在玩“偷菜”，而这个时候是上班时间。小胡见刘女士过来了，马上关掉游戏，但刘女士还是看见

了。要知道，公司规定，上班要专心工作，而且举报不专心工作的现象有奖励。

刘女士冲小胡笑了一下，说："小胡，我的快递到了吗？我已经下单一周了，太慢了。"小胡连连说："嗯，半个小时前到的，给你。""嗯，好的，谢谢你了。"刘女士说完若无其事地走了。

在洗手间，刘女士无意间听到两个同事在说领导的坏话，等到两个同事发现刘女士后，都吓了一大跳。刘女士洗了洗手，假装没事一样出去了。两个同事担心刘女士说出去，但是之后的几天里，她们并没有听到什么动静。

其实，刘女士根本没把这些小事往心里去，更没有在上司那里打小报告。所以，同事们更加信任她，有什么好东西都愿意和她分享。刘女士这种"糊涂"智慧，为她的职场之路带来了好运。她在被评为先进员工之后，还被提拔为部门经理。虽然做了领导，但她依然对同事和下属睁一只眼闭一只眼，很受大家的尊敬。

有个成语叫"大智若愚"，刘女士的"糊涂"就是大智若愚的一种表现。事实证明，有时候糊涂一点并不是坏事，反倒是把事情看得太明白，会给自己增加阻碍。有些刚进公司的年轻女人，在为人处世方面过于"认真"，比如，凡事喜欢争个输赢或对错，对一些小事非要弄个水落石出。这样只会让人生厌，为自己的人际关系制造障碍。

打个比方，在工作中，你无意中得知了同事的底细，发现别人的身份"特殊"。比如，谁谁是老总的心腹，谁谁靠走后门获得提拔，谁谁能力一般却拿高薪，等等。对于这些事情，你越想只会越不平衡，越想越有怨气，甚至还会无端地烦恼、烦闷。更有甚者，面对这些不公平的现象，内心不爽快时，会跟别人说，甚至直接找领导说理。最后导致领导难堪，导致同事关系紧张，这就是"清醒"的错。

其实，职场中没有公平，对于这些事情学会看淡一点，糊涂一点，你反而不会受到影响。为人处世就应该睁一只眼闭一只眼，正所谓：

“水至清则无鱼，人至察则无徒。”因此，女人在职场一定要学着糊涂，千万不要过分较真，否则就很容易碰钉子。那么，在什么事情上睁一只眼闭一只眼呢？下面几点值得注意：

（1）在小事上睁一只眼闭一只眼

在职场中，有两种事情是你必须要认真面对的，一种是公司的正事，一种事情是自己的正事。公司的正事包括本职工作、领导交代的事情、公司的目标等。自己的事情包括自己的劳动合同、薪水、待遇、升迁等。除此之外，其他的事情都算小事，你可以睁一只眼闭一只眼。如果在小事上较真，那么很容易招人烦。

在同事眼里，安丽是个聪明的女人。她似乎没有不懂的问题，没有不知道的事情，大伙儿一起闲聊，她就像一个挑错大师，对别人任何一个细小的错误，她都能引经据典地纠正，让人感到没面子。渐渐地，大家都不愿意和安丽聊天，即使大家聊得火热，只要见她来了也会马上散去。

在平常小事上，何必那么较真呢？茶余饭后的闲聊是同事们融洽关系的好机会，你应该利用这个机会多给别人留下好感，而不是在小事上较真，引起别人的反感。所以，一定要吸取安丽的教训。

（2）在会下睁一只眼闭一只眼

开会属于正式场合，每个人的言论都要记录在案，所以，要清楚些，一定要想好了再说。在会下可以自由言论，对于别人的言论，你可以糊涂些，对于别人的意见，如果你拿捏不好就别轻易表态，免得得罪人。

（3）在关系上睁一只眼闭一只眼

对于自己的工作职责，一定要分清楚，要“丁是丁，卯是卯”，绝不能含糊。比如，“大概、可能、好像”等词语尽量不要用。在人际关系上，由于变数很大，而且很微妙，要学会做和事佬，不要在背后议论别人，学会糊涂一点更明智。更不要挑拨别人之间的关系，这是损人不利己的事情。当然，对于别人的挑拨，自己也要独具慧眼，不要轻易相信别人。

张女士与范女士是某单位的中层干部，两人关系一向不错。可是有一天，赵主任对张女士说："范女士这人太高傲，她说压根儿瞧不起你，她还对我说，你没有本事，不学无术，只知道拍马屁。"

张女士听后，对范女士很有意见，认为范女士在背后说话侮辱她，于是从此不再搭理范女士。范女士见张女士突然对自己冷淡了，心想：你有什么可牛的，你不理我，我还懒得理你呢。就这样，两人从此成为陌路人。

在办公室中，免不了有一些心怀叵测、挑拨关系的人。因此，对于别人背后的谣传，要有一双明辨的慧眼，不要轻易相信别人的片面之词，而要相信自己的判断。即使与同事因为小事闹矛盾了，也应该装得糊涂一点，不要耿耿于怀。这样才能保证人际关系顺利地发展。

（4）在表态上睁一只眼闭一只眼

在职场中，很多事情你要发言，在发言的时候，你可能经过深思熟虑，有自己的独特见解，但是对于需要你表态的事情，你又拿捏不准时，千万不要轻易表态，而应该用模糊的语言来推脱，比如，同事找你借钱，你一时间不知道怎么表态，这时你可以说："等我回去和老公商量一下再给你答复行吗？"免得胡乱表态，给自己添麻烦。

# 第八章 会说话的女人最强大：聪明女人最想要的说话技巧

语言是人与人之间沟通的纽带，纽带质量的好坏，直接关系到沟通的效果。对女人而言，优秀的口才、有技巧地说话，不仅影响着人际关系和事业发展，还关系到恋爱、婚姻家庭生活的品质。女人会说话，才能在职场上、在朋友圈子中八面玲珑，才能在情场上魅力四射，在婚姻生活里如鱼得水。

## 1 会说话的女人，走到哪儿都吃香

俗话说："一句话能把人说笑，一句话也能把人说跳。"会说话的女人可以口吐莲花，把话说得滴水不漏，让人心情舒畅；不会说话的女人则能把人说得血压升高，让人好心情烟消云散，甚至会引起严重人际纠纷和矛盾。

小梅就是这样的女人，经常说错话，不知得罪了多少人。她也感觉很郁闷，明明是一片好心，但却办了坏事，搞得人际关系充满了阻碍。

早上，领导刚一进办公室，小梅发现领导的头发乌黑发亮。她想恭维领导一番，就说："啊呀，王总今天用了什么法宝？头发那么亮，人也很精神，年轻了好几岁啊！"领导表情有些尴尬，哈哈两句就走进了办公室。过了一会儿，同事悄悄对小梅说："领导戴的是假发，他秃头你不知道吗？"

下午，小梅见同事小樱和一位成熟的男人在公司门口，她想这肯定是小樱的父亲，就过去对小樱说："这是你爸吧？虽然年纪大了，但依然风度翩翩，难怪有这么漂亮的女儿。"小樱红着脸，不高兴地说："胡说什么呀，这是我男朋友。"

晚上，小梅拎着一些水果，陪着丈夫去医院探望姑妈，问寒问暖，姑妈很高兴。过了一会儿，姑妈让他们早点回家，说他们明天还要早起上班。小梅想多陪姑妈一会儿，就脱口道："我周末带儿子去动物园看猴子都不止这么一会儿呢，没事，我多陪您一会儿。"气得姑妈血压升高，小梅却毫无知觉。

生活中，就算你在行为上、物质上、内心里都是出于好意，但由于你措辞不当，说错了话，别人对你的感激之情也会瞬间烟消云散。结果你不但没得到别人的好感，反而让别人厌烦。小梅就是一面镜子，在人际交往中，我们一定要引以为戒。如果你不确定说出的话别人是否高兴，你不妨谨慎开口，免得祸从口出。

女人一定要明白，说话不仅是一种生理功能，更是一种生存能力。看看那些会说话的女人，纵然只言片语，也能绕梁三日，让人高兴好几天；哪怕口若悬河，也不会让听众生厌，反倒让人视其为一种享受。语言就是这么神奇，其魅力就是这么强大。

会说话的女人走到哪儿都吃香，在职场谁也夺不走她的饭碗；在情场，谁也无法盖过她的魅力；在婚姻中，没有不招丈夫和家人疼的。大家熟悉的《红楼梦》中的王熙凤，就是这样一个典型的女人。在《红楼梦》第三回中，林黛玉的父亲去世之后，她进了京城，来到荣国府，王熙凤说的几段话非常有水平，特别招人喜欢。

人未到，就先听到了王熙凤的声音："我来迟了，不曾迎接远客！"王熙凤还没有出场，就给人一种热情好客的印象。

见到林黛玉之后，王熙凤拉着她的手，上下打量了一番，然后把林黛玉拉到贾母身边坐下，笑着说："天下竟然有这样标致的人物，我今儿算是见到了！况且这通身的气派，竟不像老祖宗的外孙女儿，竟是个嫡亲的孙女儿，怨不得老祖宗天天口头心头一时不忘。只可怜我这妹妹这样命苦……"

一席话，说得贾母悲中含喜，心里舒坦，说得林黛玉情动于衷，感激涕零。当贾母半嗔半怪地说："不要再让黛玉伤心了。"王熙凤马上话头一转，说："正是呢！我一见了妹妹，一心都在她身上了，又是喜欢，又是伤心，竟忘了老祖宗。该打，该打！"

王熙凤的话可谓滴水不漏，让人心生感动。在现代社会，这样会说话的女人不乏其人。她们身处不同的社会环境，从事不同的职业，在自己的领域里都有不俗的表现。她们有高深的说话功力，无论走到哪里都吃香，都会迅速与周围的人打成一片，赢得良好的人际关系。

值得注意的是，女人会说话不仅仅是要嘴皮子那么简单，会说话是一种可贵的口才，不但有技巧和功力，还要有深刻的思想内涵。会说话的女人在说话的时候懂得看场合、分对象，在求人办事之前懂得根据人物的喜好恭维别人，投其所好，而且还不乏幽默。所以，我们要锻炼好口才，成为一个口吐莲花、说话滴水不漏的好命女人。

## 2 女人怎么说，男人才肯听

在女人的一生中，不可避免地要和男人打交道。一个会说话的女人在公司中受同事欢迎，在恋爱中讨男朋友喜欢，结婚之后被老公宠爱。而一个不会说话的女人，则处处惹恼男人，搞得人际关系紧张，婚姻爱情危机重重。

有个女人有一句口头禅："难道这样不对吗？"她想让老公穿得体面一点，想让老公讲卫生，想让老公少喝酒，但是每次都会惹恼老公，因为她就会说："难道这样不对吗？"老公说："对是对，但是你那样说我不爱听。"结果，他们大吵一架。

生活中，你是否发现这样一类女人：她们说话有道理，但是却不被男人认同；她们的建议很中肯，但是却不被男人接受；她们的心意是好的，但是却被男人当成"驴肝肺"。为什么会这样呢？究其原因，就是因为她们不会说话。

那么，怎样说话才能受男人欢迎呢？怎么说话男人才肯听呢？

技巧 1：用温柔化解男人的刚烈脾性

男人纵然是钢筋铁骨，男人纵然不苟言笑，只要听到女人温柔的话语，也会不由自主地柔和起来。温柔是女人感化男人的最佳武器。当女人和男人发生冲突时，与其高声争吵，不如温柔低泣；当女人和男人意见不一致时，与其争辩，不如微笑认同；当男人犯错时，女人与其大声批评，不如委婉提醒。总之，温柔的女人比“男人婆”更容易化解男人的刚烈脾性，更容易俘获男人的心，更容易赢得男人的好感。

技巧2：用赞美突破男人的心理防线

对男人来说，同性的一百句赞美，抵不上女人的一句鼓励有效。有人说，男人之所以努力奋斗，很大原因是身后有女人的崇拜和欣赏。所以，女人千万不要吝啬赞美，尤其是对你的男朋友、你的老公。当男人表现突出时，你对他说：“你真行”“令人难以置信”之类的话，不仅能给他们极大的激励和勇气，让其更有信心，还很容易俘获他们的心，赢得他们的好感。如果你经常赞美男人，那么你说出的话男人更愿意听。

技巧3：用请教满足男人的虚荣心

男人在任何时候，都希望被女人请教。当你征求他的意见时，能满足他被关注、被需要、被崇拜的心理，他会非常乐意向你提供各种建议和帮助，同时，他也会对你产生好感。因此，你说出的话，他也更加愿意听。

技巧4：用“委婉”维护男人的面子

男人都是要面子的，女人一定要掌握男人的这种心理，在该给他面子的时候，一定要给足。这样你才会赢得男人的心，从而营造良好的人际关系，营造和谐的夫妻关系。很多女人希望丈夫对自己言听计从，于是很多男人被冠以“妻管严”之称。但真正聪明的女人不会管着丈夫，而是懂得在外面给男人面子。男人在外面有了面子，自然会更加爱女人，自然会听女人的话。

在日常生活中，聪明的女人懂得从小事上维护丈夫的面子。她们绝对不会对丈夫说：“想当初，你只是一个穷小子，为了讨好我，一天看我三次，连我的内衣内裤都抢着洗。”她们也不会在别人面前说自己的丈夫："他一点都不老实，见到漂亮姑娘就走不动了，你们可要帮忙监督着他！"相反，她们会在别人面前夸奖自己的丈夫，让丈夫很有面子，这样的女人怎么不受宠呢？这样的女人说话男人怎么会不听呢？

技巧5：用倾听接纳男人的喜怒哀乐

有一个机构曾做过一项调查，调查报告里引用了一位心理学家说过的话："作为一个妻子，应该做好一件重要的事情，那就是让丈夫在自己的面前尽情地倾诉内心的苦恼。"妻子是什么，妻子是丈夫的"镇静剂"，妻子是丈夫的"共鸣器"，妻子是丈夫的"防哭墙"，妻子还是丈夫的"加油站"。

对于男人的倾诉，女人要认真地倾听，千万不要表现出不耐烦、心不在焉。其实，作为女人你也有同感，你也想和男朋友或丈夫倾诉一天发生的事情。如果他爱搭不理，或假装倾听，但实际上早已走神，你肯定会觉得自己不受重视，自己的感受不被在意。男人也会有这种心理。因此，聪明的女人一定要善于倾听男人的心声，接纳男人的喜怒哀乐，并适当地给男人一些安慰和鼓励。如果你这样做，男人一定会更加喜欢你，更加爱你，更加听你的话。

## 3 到什么山上唱什么歌，见什么人说什么话

俗话说："到什么山上唱什么歌，见什么人说什么话。"意思是说话要注意场合和对象，不能信口开河，避免得罪人。

有人说，场合是衡量一个人说话分寸的试金石。试想一下，当一个正常人在众人面前发现自己裤子的拉链开了时，他会本能地背过身去，悄悄地把拉链拉上。同样的道理，一个正常人在众人面前，会本能地闭

口不谈自己的隐私。这就是说话场合的分寸把握，我们应该把这种分寸融入到潜意识中去。

生活中，有些女人似乎总少那么一根筋，说话不看场合。比如，在寿宴上大谈人寿保险的好处；在新婚现场对新郎新娘说："今天饭店的菜真好吃，下回还要记得请我，我一定来。"在飞机场大谈飞机失事有多么可怕。她们只顾自己说得开心，却忘了已经中伤了别人。这就是不会看场合说话的表现。

某法院开庭审理一起入室抢劫案，被告在法庭上一口咬定自己没有入室抢劫。为了核实事实，审判长准备把被告的妻子传到庭上作证。但由于一时着急，他竟然脱口说道："把被告的老婆传上来。"

顿时，法庭现场一片哗然，严肃的气氛立即被冲淡了。

法庭之上，审判长应该用法庭用语，宣布"传证人某某某到庭"。这才是符合场合的话语。而他不注意场合，说出日常用语，自然坏了法庭的规矩。由此可见，说话分场合非常重要。只有依据不同的场合，选取最恰当的语言，才能准确到位地表达思想感情，才能说得恰如其分。这就叫"到什么山上唱什么歌"，也可以说"拿什么钥匙开什么锁"。通常来说，说话要看以下几种场合：

自己人场合和外人场合。对自己人关起门来说话，可以无话不谈，甚至可以说些放肆的话。而对外人说话，要注意措辞，要怀有戒心。正所谓"逢人只说三分话，未可全抛一片心"，要努力避免"乱放炮"、得罪人。

正式场合与非正式场合。在正式场合说话要严肃，事先要有所准备，不能胡言乱语。在非正式场合，说话可以随意一些，就像聊家常一样，在轻松的氛围中交流感情。切记，在正式场合讲话要注意措辞，不要讲一些俗不可耐的话；在非正式场合说话要通俗易懂，而不要文绉绉的。

庄重场合与随便场合。比如，你参加老人家的寿宴，见到寿星时可以说："我特地来看望您的！"这样显得庄重、有诚意。如果你对寿星说："我是顺便来看你的。"就显得很随便，没有诚意了。当然，在随便的场合可以这么说，以减轻对方的负担。比如，邻里之间串门时，可以说得随便点。

喜庆场合与悲痛场合。一般地说，说话要注意场合中的气氛。在别人办喜事时，最好别说悲伤的话题；在别人办丧事时，不要嘻嘻哈哈，说逗乐的话题。否则，别人会说你太不懂事、太没教养了。

说话除了要看场合，还要看对象。俗话说："见什么菩萨卜什么卦，看什么人说什么话。"讲的就是这个道理。因为不同的人有不同的身份、地位、长幼之分，在说话之前，一定要清楚别人的身份。比如，和老人家说话，要多用敬语，要表达礼貌，比如，"大爷，您好！"和孩子说话，要力求通俗易懂，简单明了，而不要装腔作势；和下属说话，要注意语气，不要太过随便；和客人说话，要杜绝生硬的口气，避免使用套话。总之，说话之前要看看你面前是什么人，这样才能达到妙语生花的效果。

珍珍是一名优秀的餐厅服务员，她在接待客人的时候，非常善于看对象说话。

当她看到知识分子进店时，就说："同志，请到这边坐。想要清淡口味的，还是偏辣的？拌鸡丝或溜里脊怎么样？"

当她看到工人进店时，就说："师傅，刚下班吧，想吃盖浇饭，还是拉面呢？"

当她看到乡下老大娘进店时，就说："大娘，来了啊，身子骨真硬朗啊，您想尝点啥？"

与知识分子打招呼文雅、委婉；与工人同志打招呼直接、爽快；与老大娘打招呼通俗、朴实。这样就恰到好处地适应了不同的说话对象，让人觉得珍珍的谈吐有亲和力。

事实上，说话看对象并不是一件容易的事。如果你想做到这一点，就要做一个有心的女人。在听别人说话的时候，仔细品味人家的身份、地位、学识，用符合他口味的说话方式与他交流。

一般说来，与诚实、严谨、老练的人说话，要注意表达尊敬的态度，说话要稳重一点。既不要高谈阔论，也不要巧舌如簧，而应该让你的语言朴实无华，直而不曲，给人一种老实、敦厚的印象；与性情豪放、粗犷的人说话，要表现得耿直、爽快，甚至可以知无不言、言无不尽，表现得是非、善恶分明；与学识渊博的人说话，你不妨以理论为题谈起，引经据典，而且要注意措辞文雅和含蓄，显得谦虚好学。

总之，“到什么山上唱什么歌，见什么人说什么话”，用不同的谈话方式适应不同的场合和不同的对象，这样你就会成为受欢迎的女人。

## 4 话要从对方得意的事情说起

在与陌生人打交道的时候，你最好事先对他有所了解，清楚他得意的事情、感兴趣的事情、关心的事情。见面之后，你就可以从对方得意的事情说起，迅速打开对方的话匣子，以消除你们初次见面的尴尬气氛。

我们知道，每个人都有自己引以为傲的事情。当你和别人说他得意之作时，他定然会产生浓厚的谈话兴趣，然后滔滔不绝地向你介绍那件事，你只需认真倾听，时不时发出好奇的提问就可以了。相信他在兴奋之余，也会对你产生好感。

下面这个故事对老实女人非常有启发意义：

伊斯曼是美国柯达公司的创始人，坐落在罗彻斯特的一座音乐堂、一座纪念馆和一座戏院都是他曾经捐赠巨款建造的。很多制造商都想承接这批建筑物内的座椅，彼此间展开了激烈的竞争，但是每个找伊斯曼谈生意的商人都败兴而归。在这种情况下，有位座椅公司的经理亚当森前来拜访伊斯曼。

亚当森首先见到了伊斯曼的秘书，秘书对他说："很明显你非常想得到这笔生意，但我要提醒你的是，伊斯曼先生是个大忙人，也是一个严厉的人，你进去之后要快点讲，不要让时间超过 5 分钟。"亚当森笑着说"知道了"。

在秘书的引导下，亚当森走进了伊斯曼的办公室，他看见伊斯曼正在堆满文件的办公桌上埋头苦干。亚当森不好意思打扰伊斯曼先生，只好静静地站在那里，仔细地打量那间办公室。

过了一会儿，伊斯曼抬头发现了亚当森，便问道："先生有何见教?"

亚当森没有直接回答伊斯曼的问题，而是说："伊斯曼先生，刚才我在静静等待您的时候，仔细观察了您这间办公室。我本人是从事室内木工装修工作的，但恕我直言，我从来没有见过装修这么精致的办公室。"

伊斯曼回答说："哎呀！要是你不说，我还真忘了这件事。这间办公室是我亲自设计的，建好之后我非常喜欢，但是后来一忙，一连几周都没有机会好好欣赏它了。"

亚当森走到墙边，伸出手在木板上擦了擦，说："我想这是英国橡木，对吧？意大利的橡木质地应该不是这样的。"

"是的"，伊斯曼听到亚当森的话，显得有些激动，他站起来说，"那是从英国进口的橡木，我一位专门从事室内橡木研究的朋友从英国帮我订的货。"

就这样，伊斯曼和亚当森开心地聊了起来。他把室内所有的装饰一一向亚当森介绍，从木质谈到比例，再谈到颜色，再谈到价格。在整个过程中，亚当森始终微笑着倾听，显得饶有兴趣。之后亚当森询问伊斯曼的经历……他们谈了一个小时又一个小时，一直谈到中午。

结果可想而知，亚当森顺利得到了这笔生意，而且他和伊斯曼先生还成了非常好的朋友。

为什么伊斯曼和亚当森谈兴浓厚？为什么他把那笔大生意给了亚当

森呢？这与亚当森的口才有很大的关系。他懂得从伊斯曼先生得意的事情说起，一下子满足了伊斯曼先生的自尊心，激发了伊斯曼先生的谈话兴趣，由此赢得了伊斯曼先生的好感，最后得到了那笔大生意。假如他一进办公室就谈生意，很可能没讲 5 分钟就被伊斯曼先生赶出来。

人都喜欢被恭维、被赞扬。在与人交谈时，先从对方得意的事情说起，就是一种高明的恭维和赞扬。当你对别人的得意之作表现出浓厚的兴趣时，间接地表明你认同这个人，表明你和他志同道合，这自然容易赢得他的好感。

孔子说过："道不同，不相为谋。"志同道合的人自然谈得来，有一见如故的感觉。比如，当你拜访一位陌生人时，看见他手里拿着一个东西，你可以问："你对这个感兴趣？看来你是这方面的行家，我也对这个感兴趣，正好我有个问题想请教你。"这样你们的谈话就会顺利进行下去。

试想一下，假如两个人都对象棋感兴趣，你们以此为媒介物，就能顺利地聊开。你可以聊聊下棋的情趣及车、马、炮的运用，也可以请教他最得意的招法，还可以找个合适的场所摆上一局，切磋一下，等等。如此，你们肯定谈得十分投机。就算你对象棋不太了解，只要你耐心倾听，适时提问，也能赢得对方的好感。

## 5 恭维对方的话，一定要说到点子上

在人际交往中，如果你想赢得别人的好感，就有必要学会恭维对方。恰当的恭维、发自内心的赞美，能让别人开怀一笑，从而拉近他与你的心理距离，促进你们更好地沟通。比如，你去朋友家做客，看见他客厅

的墙壁上有一幅色彩明丽的山水画，你可以赞扬道："这幅画真不错，给客厅增加了好多神韵，是谁买的呢？真是好眼力！"也许你这句不经意的赞美，会让朋友获得意外的惊喜，大大增进对你的好感。

有一对夫妇结婚 8 年，一直没有孩子，为了弥补内心的空虚，夫人养了几只小狗，对小狗非常疼爱。

一天，先生和夫人在家看电视，一个女汽车推销员上门推销汽车。进门之后，她发现这对夫妇家里有几只小狗，忍不住对夫人养的狗大加赞赏，说狗的毛色纯洁、有光泽，黑眼圈，黑鼻尖，是最名贵的一种狗。还巧妙地恭维夫人对狗照顾得细心周到，并表示自己也非常喜欢小狗。

夫人听了这位销售员的恭维，顿时有些飘飘然，以为自己拥有世界上最名贵的狗，情不自禁地对那位推销员产生了好感。

推销员走后，夫人忍不住劝说丈夫买车，正好丈夫也有买车的意向，于是就答应了。两天后，当女推销员打来电话时，这对夫妇痛快地表示要买她的车。就这样，女推销员顺利卖出了一辆车。

希望获得肯定、赞扬和恭维，这是人性的本能。无论是谁，都会在别人的赞美声中开心起来，而我们赞美、恭维别人并不会因此受到损失，相反，还能给我们带来无数的朋友，会让我们更顺利地办事，何乐而不为呢？

不过，在恭维别人的时候，一定要找准切入点。上文中的女推销员恭维夫人的小狗，因为那是夫人的骄傲，因此深得夫人的欢喜，这就是聪明的恭维。如果她恭维夫人不感兴趣的东西，就无法取得良好的推销效果了。

比如，孩子都是自家的好。因此，在与有孩子的人打交道时，不妨从他们的孩子身上下手，找准他们孩子的优点加以恭维。比如说："你家孩子真机灵！""你家孩子真精神。""你家女儿真可爱。"等等。通过恭维孩子，让家长感到引以为豪，家长开心了，他们也就更喜欢你了。

值得注意的是，在恭维的时候一定要有诚恳的态度。只有态度诚恳，才能让别人看到你的真心，才能收到理想的效果。如果你的恭维毫无诚恳之意，别人一眼就看出你的虚伪，那么这样的恭维还是不要出口为好。

恭维是一门大学问。有些人认为别人当面恭维自己是讨好自己，会产生反感情绪。遇到这种人，你不妨换个恭维的方式，在背地里恭维他。等到你的恭维传到他的耳朵里时，他一定会倍加开心，这种恭维所取得的效果有时比当面恭维还要好。

姗姗是某企业的员工，有一次她与同事午休闲聊的时候，顺便说了上司的好话："吴主任这个人真的很不错，办事公正，为人和蔼，从来不在我们面前摆架子。在工作中，对我的帮助很大，能在这样的领导手下做事，真是一种幸运。"

很快，姗姗的话就传到了吴主任的耳朵里，让吴主任感到非常欣慰和感动。顿时，姗姗在他心目中的形象一下子提升了。在以后的工作中，吴主任对姗姗更加照顾，有好的机会都会优先给姗姗。

姗姗是聪明的，她懂得在第三者面前恭维领导，从而在领导心目中树立良好的形象。试想一下，如果姗姗不是在第三者面前恭维吴主任，而是当面恭维吴主任，吴主任听了那些话，很自然地认为姗姗是在拍马屁。他有可能不但不会对姗姗产生好感，还会讨厌姗姗的虚伪和巴结。由此可见，在背后说人好话更容易获得别人的好感。

具体而言，在恭维别人的时候，要注意什么问题呢？有什么技巧吗？下面就来详细介绍一下：

技巧1：在恭维的同时，表达关心与体贴

女人在恭维别人的同时，要善于发挥女性的天性——温柔、体贴、善良、细腻。这样的恭维如春风拂面，瞬间温暖人心，让人在不知不觉中沉醉。比如，你对上司说："经理，您把那事谈成了？怎么谈的？能教教我吗？我可要拜您为师啊！"再比如，你对别人说："老师，那本书我看了好几遍，写得真好。您当初在写的时候没少花功夫吧？以后写书可要注意休息啊！"这些充满敬仰的恭维和温馨的关切怎能不让人动心呢？

技巧2：在恭维的同时，恰当地表达崇拜

每个人都希望得到别人的崇拜，希望被别人尊敬、仰慕，这是人之常情。尤其是男人，他们希望得到女人的崇拜和敬仰，因此，在恭维男人的时候，你可以对他表达崇拜之情。这样会让男人激情澎湃，热血沸腾，对你心生好感。

技巧3：要在“奉承”的同时予以鼓励

在恭维别人的同时，适当地表示鼓励，能给人更多的自信与勇气。比如，当你男朋友或丈夫在事业上遇到困难时，你可以对他说：“亲爱的，没关系的，凭你的能力，一定可以战胜这个困难。”这对男人是一种肯定，也是一种鼓舞，能让男人充满信心地去迎接挑战。

技巧3：抓住别人身上容易被忽视的“闪光点”进行恭维

会恭维的女人，总能在别人身上找到“闪光点”，对此大肆地恭维一番，让人获得意外的惊喜。比如，有位女士长得非常漂亮，别人夸她最多的就是外貌。因此，你在恭维她的时候，最好不要赞美她的外貌。因为对于外貌她绝对有自信，但如果你恭维她苗条的身材、乌黑的秀发、浓浓的眉毛，而这恰恰是她以往没有注意的闪光点，那么她一定会非常惊喜。

## 6 言多必失，不该说的话一句也不要说

在西方有一句非常著名的话：雄辩是银，倾听是金。而在中国也流传着“讷于言而敏于行”和“言多必失”名言。这些名言的深刻寓意是在教育我们要少说话，多倾听，多办事。在人的身体上，长着两只耳朵，一张嘴，也表明要少说话，多聆听。在一些场合中，不说话是不礼貌的，但是

过多的话语有时候会引起人们反感。在必要的时候，闭上嘴巴充当一个有素质的倾听者，反而会给别人留下好的印象，使你在应酬中游刃有余。

当然，不要觉得在众人聚集的场合，仔细聆听别人的言语而不说话会让你感觉到“不好意思”，你可能会担心出现冷场的局面，使气氛变得尴尬，其实，学会聆听并不是要我们不说话，而是在必要的时候才说，要说得恰到好处。可不要小看这一点点的“不好意思”，也许它会成为你人生重要的制胜法宝。

相传，在很久以前，有个外国的使者来到一个大国朝拜，向国王进献了三个用黄金做成的小人，这三个小人看上去金光灿灿，而且做工也异常精致，一看就是异常宝贵的珍宝，国王一看到这三个小金人，就非常喜欢，对它们赞不绝口。可是小国的使者却提了一个问题，如果大国国王回答出问题来，才可以把小金人送给国王当礼物。

这个问题看起来很简单：这三个金人哪个最有价值？

但国王绞尽脑汁地想这个问题，反复研究这三个小金人，也没发现它们三个有什么不同之处。无奈之余，国王只好下召令，请来全国各地有名的手工艺人进行鉴别，但始终没能找出它们的区别。离约定的期限越来越近，国王的脸色也渐渐阴沉下来。

正在这个紧要的关头，一位已经退位的外交大臣自愿申请帮国王鉴别这三个小金人。国王听了这个消息非常高兴，立刻毕恭毕敬地将老臣请到宫殿之上，请他鉴别。老臣拿出事先准备好的三根稻草，依次插入三个金人的耳朵里。在场的人都不清楚老大臣在做什么。

插入第一个金人耳朵里的稻草立刻从嘴里出来；第二个稻草也从另一个耳朵处出来了；而第三个金人，稻草进去后就没出来，直接进到了肚子里。老臣当场告诉皇帝说：第三个金人最有价值。外国使者也露出赞美的笑容。

这个故事告诉人们一个非常简单的道理，有时候，语言的价值不是在于说多少，而是在于能够时刻管住自己嘴巴、懂得聆听的人。

在人际交往中，最主要的方式就是交流，而交流最主要的工具就是语言，说话的效果可以决定我们办事的结果。如何在与别人的交流过程中，获得你想要的结果，了解到对方的想法、感情，最重要的方式就是多去聆听。

如果你总是口若悬河，滔滔不绝地对别人讲，在短时间内，别人可能会觉得你口才不错，认为你这个人容易沟通。但是时间久了，你就剥夺了别人说话的机会，别人就会感到厌倦，无心跟你继续沟通下去，事情自然办不好。

要知道，沟通不是演讲，它是一个互动的过程，只是单方面的热情，另一方肯定缺乏兴趣，久而久之，就会让人反感。在沟通这个互动的过程当中，说重要，聆听更重要。在聆听的过程中，你才会了解对方的想法，清楚对方的目的，会更加了解对方，知道采用什么办法解决问题别人才会接受。这样做，才可以在应酬当中掌握主动权，使整个过程朝着你所期待的方向发展。因此，学会聆听是锻炼应酬能力的一门必修课，那些真正懂得交往，在社交圈内如鱼得水的社交家，都愿意并且善于做一个倾听者。

但是做一个善于倾听的人，也是非常不容易的，这需要长时间的培养和锻炼。那么，做一个好的聆听者，都需要注意些什么呢？

首先，不要任意打断别人的话。

在任何场合中，无论和谁交谈，首先要做到的就是不要随意打断别人的话，这样是对他人起码的尊重。尊重他人是我们人际交往的最基本原则。别人正在说话的时候，贸然打断别人，是非常不懂礼貌的行为，是粗鲁而没有教养的体现，是非常容易给别人留下坏印象的行为。就算你对谈话的内容不感兴趣，你也不能突然打断谈话，然后开始另外一个你感兴趣的话题。况且，冒失地打断别人，把别人惹怒，还容易让自己处于尴尬的境地，让整个谈话无法进行下去。

其次，要有耐心。

做一个好的聆听者，需要持久的耐心。你要在别人诉说的过程中，保持兴趣，还要对讲话人表现出你的兴趣，让对话继续下去，这是非常不容易做到的。

比如说，在类似座谈会的场合中，没经验的人很少注意倾听别人发表的观点，甚至对他人的观点不加以思考，而胡乱解释别人的观点，陈述的时候也不注意言辞，以至于产生激烈的冲突，使会场上的气氛非常不和谐。会场看起来讨论得非常激烈，而真实的情况是整个会场的秩序非常糟糕。有经验的人则会在会议刚开始的时候注意聆听别人的观点，把它们搜集、整理、归类，仔细思考他人观点，而会议进行到高潮的时候，他们才提出经过他总结后的要点，给大家一点建设性意见。这种人才是最会抓准时机、最擅长表达的人。所以，要保证自己说出的话有分量，就一定要有足够的耐心。

再次，要多思考。

在聆听别人谈话的时候，有经验的谈话对象，往往是那些说话不多，但是最注意用心思考的人。对于别人表达出的凌乱不成型，甚至前后矛盾的观点，他们会加以整理、分析，最后在别人需要的时候表达出他的观点，这些人是维持整个应酬顺利进行的核心人物，是整个活动的引领者。所以，懂得思考、善于思考的人，才会从精神上掌握交际活动的核心。

因此，少说多听是一门非常高深的学问，要想学会它，需要在平时的交际中多留意、多观察。

## 7 点到为止，有些话不能说得太透

古人说："逢人只说三分话，未可全抛一片心。"对人要有防备之心，不可把自己的底牌全部透露，否则就很容易陷入被动的地位。其实，这句话还有另外一种意思，那就是强调说话的分寸，要点到即止，避免说得太直白、太透彻，让人下不来台，造成尴尬。

一天傍晚，正值下班高峰期，地铁里拥挤不堪，偏偏这个时候上来一位抱小孩的老太太。大家上了一天的班，都非常疲惫，没有人起身让座。过了好一会儿，才有一个年轻小伙子起身示意那位老太太去坐。

小伙子还没完全站起身，那位老太太就冲了过去，马上一屁股坐下来。一旁的小伙子被挤得失去了平衡，但老太太坐下来之后，只顾喘气定神，丝毫没有道谢的意思。

一旁的林女士看不下去了，她假装不经意地逗小孩："小朋友，叔叔给你让座，你还不谢谢叔叔啊？"这一句话提醒了那位老太太，她忙对孩子说："快，谢谢叔叔。"同时，她也对小伙子表达了谢意。

那位小伙子听到了她的感谢后，忙笑着说："不客气，不客气。"

看似不经意间的一句话，却提醒了不懂礼貌的老太太。在公共场合，林女士既传播了文明礼貌的概念，又不至于让老太太没面子，这一句提醒可谓高明。

试想一下，如果林女士在一旁用责怪的口气说："这位老人家怎么一点都不懂礼貌啊？人家小伙子给你让座，你那么粗鲁，而且一句感谢都没有。"那么，老太太非得和她大吵一架。可见，要想劝服别人，需要保护别人的自尊心，这样才能把话说到别人的心坎里。

从这个案例中，我们可以得出结论：说话要注意场合，不能把话说得太透，这样才能给人留回旋的余地。无论你是提忠告，还是劝说别人，都不能把别人的退路堵死，切勿将别人批评得一无是处，该委婉的还要委婉，否则很容易引起对方的逆反心理，搞得大家不欢而散。这就是说话的智慧。

曾有一位书生向一位高僧求教说话的艺术，高僧给他开了一副药方，药方的内容是："热心一颗、温柔两片、三分说理。"这副药方是什么意思呢？具体而言，"热心一颗"和"温柔两片"说的是要心怀好意、与人为善、语言温柔，而“说理三分”则包含两层含义：

第一，“说理三分”指的是一种说话技巧。如果你的话有道理，而对方又不傻，那么你无需把道理讲得过于透彻、详细，只要一点，对方就会顿悟过来。所以，话说三分就足够了，根本没有必要讲得面面俱到。

第二，“说理三分”指的是一种处世态度——宽容。因为人无完人，每个人或多或少都有一些缺点。对待别人的缺点时，你只需巧妙地点几句，对方自然就明白你的用意。而且你点醒他还给他留了面子，他还会感谢你。

事实上，“说理三分”就是教我们说话不能太露骨，不能太咄咄逼人，而要学会半含半露。这是一种大气，是一种涵养，还是一种风度，是说话办事的大智慧。你在批评别人的时候，需要这种智慧；你在忠告别人的时候，也需要这种智慧；你在提醒别人的时候，更需要这种智慧。当你参透了这种说话的智慧之后，你就不再是一个胸无城府、口无遮拦的招人烦的女人了。

## 8 不会说“不”，永远都难成高手

周末你想在家休息，但是朋友打电话约你出去逛街；你想出门办事时，推销员不期而至，说什么“给您送礼来了”，软磨硬缠不肯离去；你本来手头紧张，但是朋友找你借钱……遇到这些情况时，你会不好意思拒绝别人，害怕别人不高兴吗？

对于老实女人来说，或许答案是肯定的，因为老实女人太过善良、太过心软，宁愿让自己委屈，也不好意思对别人说“不”。然而，勉强地答应别人之后，会给自己带来什么不利影响呢？你没时间休息，结果搞得身心疲惫；你不好意思拒绝推销员，结果耽误了办事；你把钱借给朋友了，自己却穷困潦倒。

中国科学院心理研究所林春教授认为，一方面，在人际交往中，有相当一部分人不懂得拒绝别人，委曲求全成了一种习惯，他们过多地为别人着想，却忽视自己的利益。这种人看似很高尚，他们自己有时候也觉得自己很神圣，但是这样会给自己的正常生活带来不利影响。

另一方面，一味地答应别人的要求，你的内心自然会慢慢觉得不平衡，进而产生自责和内疚心理，甚至有一种挫折感。为了避免这种情绪，你会慢慢缩小自己的交际圈，这对你也是不利的。所以，坚决不要做“仗义”的老实人，而要学会拒绝。

然而，拒绝不是简单地对别人说“不行”，拒绝需要智慧，拒绝是一门学问。在拒绝的时候，要注意场合和态度，要注意措辞和态度，这样才能保证既不得罪人，又不影响自己的正常生活和工作。如果女人不懂得正确拒绝，那么就很可能给自己的人际关系造成恶劣的影响。

刘女士是某公司的财务部主管，她一向性情温和，在单位很受人欢迎。一天，她向小昭催了三遍报表，但每次小昭都态度超好地说：“好的，好的，马上就交。”但是公司规定的期限都过了，小昭还没有交报表。

刘女士非常无奈，她找到小昭的同部门同事小琪：“小琪呀，小昭的报表还没交呢，你可以帮她填一下吗？你对填报表很熟悉，几分钟就能搞定的。”

不巧的是，那天小琪心情不好，她听到刘女士让她帮小昭填报表，冷冷地拒绝道：“你还是让小昭自己填吧！”

这时忍无可忍的刘女士终于爆发了，当着办公室那么多同事的面咆哮道：“你们怎么回事啊？一个报表催了十多天，怎么不配合一下啊？耽误你们发工资你们乐意吗？”

小琪觉得委屈，也恼怒地叫道：“你冲我发什么火啊？我的报表又不是没交，谁没交报表你找谁去啊！在这里瞎嚷嚷什么？”

小琪因为拒绝的方式不当得罪了刘女士，从这以后，刘女士和小琪老死不相往来。

小琪自认为自己很委屈，但说真的，她的拒绝方式真的不恰当。要知道，在办公室中，当着那么多同事的面，她那么冷漠地拒绝财务主管，让财务主管的面子往哪儿放呢？也许你可以说小琪那天心情不好，自然态度不好，但这不是理由。当然，财务主管当众发火也有些不理智，但这是后话。从这个故事中，我们可以发现：错误的拒绝非常容易得罪人。那么，正确的拒绝方式是怎样的呢？在拒绝别人的时候，需要注意哪些问题呢？

首先，在听到别人的请求时，不要听到一半觉得自己无法帮忙就拒绝，而要耐心地听别人说完，这是对别人最基本的尊重。其次，要为你的拒绝表达歉意，这是为对方着想的表现。同时，你要说出拒绝的理由，让对方理解你的难处。再次，拒绝的时候态度要温和，语气要委婉。尽管说“不”是你的权利，但仍需考虑别人的感受。当你做到了这样几点，别人在感情上就比较容易接受你的拒绝，从而避免了一些负面影响。

# 第九章 女人一定要有钱，有财力的女人才能活出优雅

俗话说：“靠山山会倒，靠人人会跑，靠自己最好。”尤其是对女人而言，只有经济上独立了，口袋鼓起来了，你才会获得心理上的安宁，才有资格谈尊严、谈人格、谈人生、谈幸福。男人的花言巧语只能哄你开心一时，你口袋里的钱却能让你的内心踏实一世。

# 1 聪明女人都知道，掌握了“财政大权”才有话语权

在这个现实的社会，不少女人幻想嫁给一个有钱人，好让自己下半辈子衣食无忧，不用辛苦工作照样可以有花不完的钱。可是，女人们，你们是否想过这样的问题：你有什么资本赢得有钱男人的青睐呢？你有什么魅力让男人一辈子爱你，并心甘情愿为你掏腰包呢？当然，或许你将来会嫁给有钱人，但是在这之前，请放下你不切实际的幻想，踏实地工作，努力让自己变成有钱人，这比把希望寄托于男人更靠谱。

有位 25 岁的女孩曾在网上写了一篇文章，文章的题目是“我怎样才能嫁给有钱人？”在文中，她自称非常漂亮，谈吐文雅，生活有品位，她想嫁给一个年薪 50 万美元的男人。女孩说：“或许你会说我贪心，但是很多人年薪上百万美元，因此，我觉得这个要求并不高。”

女孩表示，她是诚心诚意来请教各位网友的，问题如下：

第一个问题：有钱的单身男人一般在哪里消磨时光？请把酒吧、饭店、健身房等名字和详细地址告诉我。

第二个问题：我应该把目标定在哪个年龄阶段的男人？

第三个问题：有些富豪的妻子相貌平平，毫无吸引人的地方，但她们是怎么嫁入豪门的呢？为什么单身酒吧里的那些美女却无法嫁入豪门？

第四个问题：你们是怎么判断什么样的女孩适合做妻子，什么样的女孩只适合做女朋友？我现在的目标是想结婚，请问你们会选中我吗？

与幻想一夜暴富、一夜成名的人一样，如今幻想嫁入豪门的女人并不少。她们或许长得天生丽质，或许气质迷人，或许谈吐高雅，但是有

了这些特质就能吸引有钱人吗？答案是，不一定。如果真的把有钱男人吸引住了，女人们难道不担心男人只是和你“玩玩”吗？试问，这样的男人靠得住吗？所以，还是醒醒吧，不要把自己后半生的幸福寄托在男人身上，否则你就太傻了。

对于上面那位女孩的网络求助，网友是怎么回答的呢？其中有位网友给出了非常犀利的答复，相信你看完之后，一定会有深刻的感触。下面就是这位网友的回帖：

“亲爱的女士，我带着极大的兴趣看完了你的帖子，我相信很多女士和你有类似的疑问。我是一个投资专家，让我以投资专家的身份来分析你的处境。目前我的年薪 50 万美元，我符合你的择偶标准，所以，我不是在浪费大家的时间。”

“如果我把婚姻比做一笔生意——请不要生气，结婚就是一笔生意，是一个大的经营决策。如果我娶你这样的女人，那将是非常糟糕的。为什么呢？抛开细枝末节，娶你就等于是在用我的钱财和你的美貌做交易：你提供迷人的外表给我，我出钱养你。公平交易，童叟无欺。但是，你的美貌会随时间消逝，而我的钱财不会无缘无故减少，事实上，我的年薪每年都会增加。”

“因此，从经济学角度来看，我是增值资产，而你是贬值资产。在未来的 5 年里，你还可以保持窈窕的身材、动人的容貌，但以后呢？你的身材和美貌每年都会退步。你就像一只股票，不能长期持有，因为它未来会贬值。这听起来很残忍吧，所以，明智的人会选择租赁，而不是购入。要知道，年薪超过 50 万美元的人可不是傻瓜，他们只会跟你交往，但是不会跟你结婚，所以，我劝你不要幻想嫁给有钱人，也不要刻意寻找有钱人。相反，我建议你想办法把自己变成有钱人，这比嫁给有钱男人胜算大得多。”

从这位网友的分析中，你是否发现：原来嫁给有钱人并不是容易的事情，事实上，在我们生活中，又有几个女人能钓到金龟婿呢？真的很少很少，可是，女人不能没有钱，没有钱的女孩，就像莫泊桑小说《项链》中的女主人公玛蒂尔德，连一件像样的衣服都买不起，更没有像样的珠宝首饰，连参加一个舞会都要厚着脸皮去借项链，以至于酿成了那样的悲剧。试问，你希望过这样的日子吗?

退一步讲，纵然你运气好，嫁给了有钱的男人，但你自己没有钱，没有事业，没有工作，你好意思每次都向男人要钱买这买那吗？可能你会说：“这有什么啊？女人本来就应该被男人宠、被男人养，向男人要钱是天经地义的事情。”或许不少女人都有这样的观念，但是这种观念注定会造成婚姻生活的不幸。

孔老夫子曾经说过：“君子爱财，取之有道；君子爱财，更应治之有道。”这句话适用于君子，更适用于女人。女人渴望成为有钱人，不外乎嫁给有钱人，或者自己成为有钱人。但聪明的你，还是趁着年轻，趁着这大好的时光去奋斗吧，努力把自己变成有钱人。这才是你一辈子幸福的物质保障。

## 2 经济独立让女人更有魅力

人活在世上，不能没有钱，女人当然也是如此。在生活中，我们经常听到女人说：“女人工作好不如长得好，长得好不如嫁得好。”还有女人说：“男人找个好女人至少可以奋斗 10 年，女人找到个好男人可以幸福一辈子。”放眼看一看这个残酷的现实社会，再想想这些话，似乎很有道理，也被很多女人接受。

然而，事实果真如此吗？在这个男女平等的时代，女人不再是男人的附庸，女人的幸福生活不再靠男人。有句话说得好：“靠山山倒，靠人人跑，靠自己最好。”女人要有独立和坚强的一面，要有自己独立的经济来源，这样女人才能更有魅力，才能吸引到优秀的男人。

聪明的女人明白，在恋爱中，不能总寄希望于男人给自己钱花，否则有损自己的形象。这并不是说你和男朋友出去吃饭，每次抢着埋单才叫独立与自尊。绝大多数男人是愿意主动埋单的，但如果女人偶尔礼尚往来一下，男人更会觉得心满意足。不随便花男人的钱，也不等于平时不接受男人赠送的礼物，否则显得不近人情。比如，香水、玫瑰、巧克力等，女人还是应该开心地收下，因为这些小东西不会让人觉得烫手。

而有些女人则与之相反，她们自己经济不独立，反而抱怨男人不给自己花钱，愚蠢地以男人给自己花多少钱来衡量男人爱自己有多深。在网上曾有这样一个抱怨的帖子：

一个女孩毕业之后，两年内没有找到合适的工作，平时花钱找父母要。在这段时间内，她交了一个男朋友，男朋友的家境有些贫困，他踏踏实实地工作，为的是攒钱买房。平时，他只是适度地给女孩买礼物，比如，买一些不是很贵的玫瑰花、衣服等，偶尔带女孩去看电影。

对于男朋友的表现，女孩并不满意，她抱怨男朋友的礼物太平常，显现不出对她的爱。她要求男朋友带她去高档餐厅，给她买苹果手机，男朋友拒绝了。结果，她和男朋友大吵一架，然后和男朋友分手了。

你认为这样的女孩很有魅力吗？现实生活中，很多女人用男人愿不愿意为自己花钱，作为考察男人爱不爱自己的标准。殊不知，这种判断标准有多么不公正、不客观。要知道，男人愿不愿意为女人花钱，这与男人的自身收入、家庭状况、理财方式等有很大的关系。

俗话说：“拿人手短。”在恋爱中，男人给钱、花钱是讨好与献媚，有时却包含着轻蔑和施舍，女人拿了男人的钱，还有底气在男人面前抬头挺胸，大声说话吗？所以，作为女人，与其抱怨男人不给自己花大钱，为何不先让自己的经济独立起来呢？这样的女人在恋爱中更有魅力。

对于结婚的女人，同样需要经济独立。在中国传统观念里，男人养家，女人持家，如果你今天还有这种观念，那么你就毫无独立性可言。很多女人结婚生子之后，彻底放下了工作，被家庭束缚，成了全职太太。其实，女人只要有独立的精神，即便结婚生孩子了，也可以拥有一份自己的事业，保持经济上的独立。关键在于，女人愿不愿意去工作。

有些女人认为，如果男人会赚钱，女人还去辛辛苦苦一个月挣个千儿八百的，这不是找罪受吗？其实不然，对女人来说，拥有一个独立的工作是必然的。因为有了工作，有了事情可做，生活才会变得充实起来，才能与社会保持同步，才不会落伍，这样生活才会充满情趣。

## 3 有财力的女人才能活出优雅

拥有再多的金钱死了也不会带走，可是，为什么人还想要更多的钱呢？因为金钱不仅能让人获得物质享受，还能让人获得精神上的满足，让人活得更有尊严。所谓尊严，指的是在社会中得到他人的尊重，被周围的人看得起。

要知道，人性的弱点是嫌贫爱富的。当你穿着破旧的衣服去逛高级服装店时，恐怕你得到的除了白眼还是白眼。相反，如果你穿着一身优雅得体的套装，挎着名牌皮包，或许你只需在服务员面前稍微停留一下，就会得到服务员的笑脸相迎和热情接待。所以，对女人而言，要想活得优雅，就必须有财力。

一位法学院的女大学生在北京某个检察院实习期间，与一位检察官产生了一段恋情。后来因为工作原因，两人分手了，但是彼此仍然断断续续地保持着联系。女大学生在上海一家律师事务所工作，过了一段时间之后，她已经在行业内小有名气了，有车有房，生活无忧。

可是，这位女子一直没有忘记那位检察官。一天，她终于忍不住打电话给那个检察官，恰巧那位检察官在上海开会，于是她迫不及待地去了检察官下榻的宾馆。

赴约之前，该女子为了保持当年的学生模样，特意穿了一身陈旧的服装，把自己打扮得像个下岗女工。当她怀着兴奋的心情来到宾馆时，那位检察官见她那身打扮，以为她的经济条件不太好，就问："你现在做什么工作?"女子说："我失业了。"

检察官害怕了，以为女子是找他来要钱的，于是对她说："我这次出差没有带多余的钱，恐怕要让你失望了。"女子听了他的话之后，非常生气和失望，原来他把自己看成了出卖肉体的女人。她愤怒地忘记了自己的伪装，出门直奔自己的小轿车，这时检察官才意识到自己"有眼无珠"。

这个故事真实地反映了这个现实的社会，它告诉了我们一个道理：钱对女人来说真的很重要，一个女人没有钱，即便是关系亲密的恋人，也不会把你当回事，不会真正尊重你。

钱对一个女人来说，意味着很多。有了钱，女人才可以体面、有尊严的生活。女人有钱，才不会为了生计而走上歧路，才不会害怕男朋友抛弃自己，才不会自己看不起自己，才不会害怕自己低人一等。当然，这个财富应该是自己奋斗得来的。

当你有了钱之后，你才不会局限于那些习以为常的娱乐项目，你可以选择游山玩水，选择自驾旅游，选择户外探险；你还可以玩玩网球、壁球、高尔夫；你还可以去蹦迪、跳伞、漂流；你还可以参加舞会，观看演唱会，欣赏音乐会，等等。总之，你可以做你想做的事情，尽情地秀出你自己的个性。

当你有了钱之后，你休闲的时间自然会多起来，你不必整天想着请假一天要扣多少钱，也不用担心水电煤气费是不是超支了，也不用担心哪天不上班生计会出问题。你可以完全自由地选择出行的时间，就像下面这位女客户一样：

一位会计与一个女客户约好，一周后为她清理公司账务，但是因为女客户前一周去马尔代夫度假了，因此，女客户只好把时间往后推一周。可是，当会计第二周去找女客户时，女客户仍然没有回来，直到三周后才回来。会计问："你怎么去了那么久？"女客户说："我在马尔代夫度假，那里天气太好了，我就多待了两周。"

你羡慕这位女客户吗？她想多待两周，就可以多待两周。也许你会进而想到自己：我的工作不容许在外多待两周，我外出度假还要请假，还会扣工资，我的时间被老板买去了。其实，大部分职业女性和你一样，大家都难以随心所欲地支配自己的时间，这是因为我们不是有钱人，我们还没有雄厚的财力支持我们享受自由与独立。没钱不要紧，重要的是认清这个问题，从现在开始去努力。

当然，女人要有财力才能获得优雅，并不是要你成为李嘉诚、比尔·盖茨，也不是非要你自己创业，拥有一份雄厚的事业，而是说你要有自己的一份工作，而且是自己喜欢的工作。这不仅仅是将其当做一项谋生的途径，更是把它当成一份事业，在这份工作中你获得的不仅是金钱，还有实现人生价值的满足感。当你需要什么时，结合自己的经济能力去买吧，那时候你就能体会到生活赋予你的意义了。

## 4 通往财富自由的第一步——对钱负责任

每个女孩都希望成为有钱人，要想成为有钱人其实不难，第一步就是对钱负责。怎样才算对钱负责呢？用一句话总结，就是：该花的钱有计划地花，不该花的钱坚决不花。话虽如此，但是做起来并不容易。

现在很多女孩初入职场，告别了吃父母、喝父母的年龄，开始自给自足。因此，花钱的时候也显得更加有底气。然而，虽然花钱很洒脱、很享受，但是只顾着做月光族，没有长远的眼光，对生活没有规划是不行的。这样永远无法成为有钱人。

如果你想成为有钱人，除了会赚钱之外，还必须会理财。一个会赚钱却不会理财的人，永远不会成为有钱人。因为赚多少花多少，钱就在自己手中溜一趟，最后还是两手空空。当你需要用大钱的时候，你却拿不出钱来，这样你也难活得潇洒。无数富有之人的成功经历告诉我们，要想积累财富，提升生活的品质，就必须学会对钱负责。

有个女孩小时候吃惯了"皇粮"，不管什么时候，似乎没有缺过钱花，日子过得很滋润。结婚之后，她那大手大脚花钱的习惯依然没有任何收敛，是典型的月光族。碰到多日不见的朋友，她往往宁可自己下个月饿着，也不会亏待朋友。

逛街的时候，看到那些琳琅满目的服装，她总是毫不犹豫地买下。每次购物回来，她总是双手提满衣服。有些衣服买回来之后，她只穿过一两次就搁在衣柜里了。丈夫曾不止一次提醒过她："不要乱买衣服了，要适度一点，尽量存一些钱吧！"

每次她都会义正词严地反驳："我又没花你一分钱，你管不着，再说了，你一个大男人，存钱是你的事情，我花自己赚的钱就行了。"因为这个问题，丈夫没少和她拌嘴，但她从来都是不以为然……

处于风华正茂的好年龄，女人总免不了追求漂亮的衣服、鞋子、包包，以及各种各样的首饰。女人爱美，无可厚非；女人花自己的钱，值得尊重。但是，成家的女人作为家庭的一分子，有必要对金钱负责，理智地花钱。

举个例子，如果你的化妆品还没用完，就别急着买新的；如果你的手机还没旧到拿不出手，就别跟风换新款手机，不妨把钱省下来用于理财投资，让它生出更多的钱，等到关键时刻再用，这样岂不是更好吗？

女人要想财务自由，就要学会对钱负责。你可以试着从以下三个方面来改变消费观念：

第一，要有预算的观念。

很多女人碰到超市搞促销，碰到网店搞活动就疯狂地购物。花了多少钱自己心里没底，等到买了之后才发现口袋空了，才懊悔钱太不经花，但是并没有反思自己的消费行为。比如，有个女孩趁着“双十一”（11月11日）这个特殊节日，趁着网店搞活动，居然一口气买了2万元的商品，气得丈夫要和她离婚。这种盲目消费的行为就是缺乏预算观念的表现。

一个没有预算观念的女人虽然可能买到很多意外的战利品，但是每个月的支出账单上都可能有意想不到的天文数字。而懂得预算的女孩则是有计划地花钱、有节制地花钱，比如，每个月给自己一笔具体的钱用于购买服装，保证不超支，这样才能有效地掌控自己的财务。

第二，追查每一笔支出的来龙去脉。

有个女士说，她以前经常半夜查账。有时候，为了一笔500块钱的账，她会花半个小时来核查它的来龙去脉。如果这500块钱的支出在支出项上，她就能很清楚地知道钱花到哪里去了。可见，追查每一笔支出的来龙去脉，对掌控财务非常重要。

怎样追查每一笔开支的来龙去脉呢？最好的办法就是做好存折管理，因为大部分人都把钱存在银行，存折上会记载资金的进出。聪明的女人每个星期可以刷一次存折，或在网上银行查看金钱进出的状况，只要5分钟，你就能了解自己每笔钱的来往状况，进而提醒自己开源节流。

第三，养成记账的习惯。

对金钱负责的最好办法是养成记账的习惯，把日常生活中的每笔开销都记在账本上。账本上清楚明白地写着“做什么事，花了多少钱，花钱的日期”，为了方便阅读，你可以画出简单的表格，每个星期检查这个账本，反思自己的消费行为中是否有盲目冲动、不合理的消费。然后在接下来的日子里消费时就会注意，从而节省开支。

## 打死不做购物狂，每分钱都要花在刀刃上

春暖花开、风和日丽的天气里，女人最爱约上几个朋友逛街，她们走进商场，走进小街，不放过任何一个小店。女人似乎天生就是这样一种动物，没事干的时候就想逛街、想购物，而且经常能在一家店里停留半天，当导购或同伴说“你穿这件衣服真漂亮，这件衣服好像就是为你量身打造的”时，女人就彻底失去了抵抗力，迫不及待地试穿衣服……

逛街回来之后，女人才猛然发现：原来自己并不喜欢这件衣服，因为上周买的衣服还在衣橱里没穿呢！而且刚买的这件颜色，自己不是很喜欢，领口处的褶皱过多，怎么看都不顺眼，此时才心生悔意。

其实，你可以聪明地消费，在决定消费时，首先要考虑自己到底是否需要，买自己需要的东西，这才是明智的选择。很多女人看见好看的东西就买，但买回来之后，这个东西可能自己并不需要，或者说需要程度不高。比如，有的女人见到漂亮的裙子就买回家，可是家里已经有很多裙子了，有些裙子还没穿过；有些女人到景点游玩，见到小玩意儿就买，买回来之后发现对自己并没有多大的用处。这样的花销完全可以省下来，为什么偏要花掉呢？

可是，很多女人并没有察觉到自己的消费无度。那么，到底怎样才能判断自己是不是“buy 金女”呢？你可以从以下几点来审视自己：

（1）你的衣橱里有超过5件以上没有穿过或仅穿过一两次的新衣服吗？

（2）你的心情变化很快，每次花钱之后，你的心情会低落吗？

（3）当你走进商场，准备购物时，你的内心会异常兴奋吗？

（4）你把别人的婚礼或某个活动当成购物的借口，而不是着重分享别人的幸福和快乐吗？

（5）你每个月的收入都花完了，几乎分文不剩，甚至债台高筑吗？

如果你的消费行为符合以上几种情况，那么你就有必要提醒自己理智消费了。如果你继续“buy金”下去，你就会离有钱人越来越远，相反，你的生活会变得非常狼狈。就像下面这个女人一样。

有个女人年薪近百万，但是三年下来，她不但没有任何积蓄，相反却欠了二百多万的信用卡债务。她从事的是出口贸易工作，每个月收入八万多元，有时接到一个大单，奖金就有几万块。她觉得赚钱很容易，但上班压力很大，因此，下班之后她就会尽情地购物以犒劳自己。她会买名牌包包、套装及首饰，每次购物就会花掉几万块，但又没有记账，因此，每个月赚八万却花十几万。结果，三年下来，她居然欠债二百多万。

男朋友接受不了她大手大脚的消费习惯，觉得跟她在一起未来没有希望，于是提出了分手。31岁的她为了还清欠款，不敢随便换工作，每天上班小心翼翼，生怕表现不好被公司裁掉……

女人在心爱的东西面前往往智商为零，分不清东南西北，也忘了自己的经济承受力，经常花不该花的钱，买不该买的东西。这实在不是什么聪明的举动，说白了简直有点暴殄天物。一个女人的幸福与她赚钱的能力固然有很大关系，但与她花钱的习惯也有很大的关系。女人会赚钱还要会花钱，要学会少花钱，买好货，以尽量少的钱为自己谋最大的福，这才叫聪明消费。

女人喜欢漂亮的衣服、鞋子、包包等无可厚非，但这不是盲目消费、疯狂购物的理由，不能为了衣服、为了满足自己的虚荣心而将自己的生活费全部搭进去，更不能把孩子的奶粉钱变成自己的化妆品。所以，女人在花钱之前，一定要问自己：这件商品我真的需要吗？这样的价格我真的承受得起吗？买了这件商品之后，我还有足够的钱用于其他用途吗？

事实上，聪明的女人虽然也爱花钱，但是她们花钱有智慧，懂得精打细算，尽可能节省一点。比如，几个姐妹看电影，购票时发现影院规定20人以上的人可按团体票优惠，于是她再等一会儿，凑齐20人之后，然后大家一起去买票，这样就省下了一笔钱。类似聪明的消费，在现实生活中还有很多，你完全可以去挖掘出更多“聪明的消费法”。

## 6 让信用卡成为“可持续幸福”的来源

相信很多女人都知道知名歌星黄品源，此人当年凭借一首《你怎么舍得我难过》红遍大江南北。但是后来因为唱片市场萎靡，他没有出片的机会，也没有了收入来源。在两年的时间内，他靠着刷卡度日，贷款近二十多万新元，相当于一百多万人民币。

后来，黄品源回忆起这段日子时，说了这样一段话：“我不是花很多钱买名牌或是大鱼大肉的人，只是要供楼及应付家庭的开销，但我真的是两年没工作。一个艺人完全没有工作是很可怕的，那段日子我想过退出，现在总算熬过去了。”

黄品源刷的是什么卡呢？答案是信用卡。近年来，信用卡像雨后春笋般涌现，很多人的口袋中、钱包中都有信用卡，这其中有很大一部分女人有信用卡，有些女人甚至有多张信用卡。信用卡的最大好处就是便利性，可以缓解持卡人手头紧张的窘境，持卡人无须带太多现金，就可以轻松进行消费。

众所周知，女人是消费需求最旺盛的群体，信用卡的出现，无疑对女人消费起到了推波助澜的作用。再加上发卡机关的炒作，很多银行都开设了刷卡积分兑奖活动，这无疑又刺激了女人刷卡消费，使一些女人陷入信用卡购物的疯狂噩梦中难以自拔。所以，如果你不清醒地认识信用卡的利弊，不理智地对待刷卡消费行为，那么你的幸福生活将被埋葬。

那怎样才算合理使用信用卡呢？下面几点值得你注意：

第一，卡不在多，一张足矣。

现在申请信用卡的条件越来越开放，要求也越来越低，很多女人的钱包里有一大堆信用卡。但是，信用卡并不是越多越好，如果一张信用卡就能满足你的消费需求，何必要那么多张呢？而且卡多了还会给你造成一种错觉：每张卡都可以刷，貌似自己很有钱，这样就很容易助长你的消费欲望。

还有一点非常重要，因为每一笔信用卡消费，都有还款的期限。你的信用卡太多，你的消费太多，你能否在规定的还款期内及时还钱呢？这是一个大问题，所以，不要满足于一时的消费欲望，等到要还钱时你却没钱，这样你就会变成一个“卡奴”，被信用卡牵着鼻子走，每天要绞尽脑汁还钱。

因此，要想避免成为卡奴，要想避免被信用卡卡住生活，就必须减少没必要的信用卡，这样可以减少你胡乱消费的概率，也可以提高你理财记账的效率，使你集中管理每笔支出，这是有效理财的第一步。

第二，刷卡消费，量入为出。

刷卡消费要结合自己的实际情况，要根据你的收入情况来确定。比如，你的月收入是 4000 元，日常生活开支 1500 元，固定存下 1000 元，还剩 1500 元可供自由支配。在这种情况下，你每个月的刷卡最高额度应控制在1500元，否则你就有还款压力了。在1500元之内，你可以随便刷卡，只要在规定的还款日之内把钱还了就行。总之，刷卡的原则是量入为出，不能盲目乱刷。

第三，保留刷卡签单。

刷卡很潇洒，但刷卡之后别忘了保留那张签单，而且每个月记得核对当月的账单。这样有两个好处，一是你可以知道每个月的刷卡消费情况，二是账单上每一笔让你“心痛”的消费都能提醒你理性消费。

第四，任何情况下都不要取现。

记住，从信用卡上取现是要付手续费的，即便你把取出来的钱再存到信用卡上，也需要收费。要知道，信用卡不是存折，提现对你没有好处。每次提现都会支付手续费，你可千万不要不在乎那点手续费，积少成多，就是一笔很大的开支。而且你可以把手续费和提现金额对照一下，你就会发现这个手续费的比率很高，保证你会“心痛”。

第五，到还款日才还款。

信用卡是银行无偿借钱给你花一段时间，你在规定的期限内还钱就行。因此，这是一个非常好的工具，不用白不用。不过，使用信用卡时，一定要到最后的还款日再还钱，因为你的钱在自己的账户里是有利息的，早给银行一天，你就少一天的利息。不要小看这些利息，要知道我们都是小老百姓，锱铢必较是有必要的。

另外，如果还款日那天，你有事无法及时还款，你可以拨打银行的信用卡客服热线，把你无法还款的原因说明一下，要求延缓一两天，一般来说都是可以的。但是要诚实，说好延缓一两天，一定要在一两天内还钱。因为信用卡就是“诚信”的，你诚实才有资格使用它。

第六，重视积分兑奖活动。

信用卡越来越多，银行之间的竞争越来越激烈。办卡时一般都有小礼物，有的礼物还相当不错。另外，每使用信用卡消费一次，都会获得一些积分，这些积分累积起来，可以参与银行定期或不定期举办的兑奖活动、折扣活动。这些你可以打听清楚，不要错过这些活动，虽然没什么大不了的，但积累起来也可以为你省下不少钱。

## 7 聪明女人会投资——“钱生钱”才能赚大钱

女孩都想当有钱人，可是你有没有想过：有钱人在富有之前是怎样对待金钱的呢？会赚钱的人绝对不会把钱放在家里，因为那样的话，100 元钱永远是 100 元，而且随着通货膨胀的加剧，100 元钱放在那里还会贬值。所以，把钱放在家里是愚蠢的。那么，怎样才能让钱生钱呢？

所谓“以钱生钱，以利滚利”，其实就是我们常说的理财投资。理财投资是一种能力，每个平凡的女人都应该去了解和学会运用。俗话说：“你不理财，财不理你”，人与财是要互动的。女孩要想变成有钱人，就应该掌握与财互动的本领，学好投资理财这门课，如此你的“富人梦”才有可能成真。

说到这里，有些女人可能要翻白眼了，说：“我这么穷，一个月才赚一千多块，就算省吃俭用，也要花掉 900 元，我怎么理财啊？”其实，理财的关键不在于钱多钱少，不是说你有几百万了才可以理财，你只有几百块却无法理财。这完全是个误解，相反，你钱越少就越要理财。

一般来说，刚步入职场的女性收入有限，你可以计划每月存下几百块钱，利用银行零存整取、综合存款等存款方式，先把小钱攒成“大钱”，再利用这笔钱去投资。如果你不想承担投资的风险，只想稳稳地赚钱，那就把钱放在银行存定期吧。这种理财方式的风险最小，收益也不高，但是只要你坚持，时间久了那也是一笔可观的财富。

当然，理财投资的方式有很多，女孩如果不想仅满足于把钱存入银行，那么就看看下面几种理财投资方式吧。

方式1：银行储蓄

银行储蓄是最安全可靠、最灵活方便的理财投资方式，除了定期储蓄和活期储蓄，银行还推出了不少衍生产品，比如，通知存款、约定转存等，这些都是不错的储蓄理财产品。只要你的方法得当，储蓄也可以让你的钱生钱。

打个比方，你存3万元，可以把1万元存1年定期，把1万元存两年定期，把1万元存3年定期。一年之后，用到期的1万元再开设一个为期3年的定期存单；再过一年，把那个2万元的到期存款开设为3年的定期存单，以此类推下去。3年之后，你就有三张到期日相差一年的3年的定期存单。这种储蓄方式既能应对储蓄利率的调整，又可以获得更高的3年定期存款利息。如果遇到突发事件需要用钱，可以取出一份定期存款，这样不至于损失太多的利息。

方式2：购买基金

有人说，基金是最稳定的投资方式。很多基金公司与银行开展合作，你去银行就可以开通基金账户，每个月存入约定的金额到银行账户，这笔资金会在存入当天自动转换成一定的基金份额。这种基金申购一般每月最低投资金额100元到1000元不等，不设最高金额上限，因此，对于初入职场的女性或余钱不多的女人来说，可以考虑每月节省几百块钱购买小额申购。如果基金市场状况良好，那么一年累计下来，你将获得一笔不小的收益。

方式3：购买万能险

万能险是介于分红险与投连险之间的一种投资型寿险。这种投资方式的价值计算有一个最低的保证利率，目前的保底收益在2.5%左右。除保本收益外，万能险每个月还能获得结算利率。目前的结算利率普遍比一年的定期存款利率高，有的甚至超过5年期存款利率。

方式4：购买国债

投资国债被认为是最安全的投资工具。我国的国债分为凭证式国债、记账式国债和电子储蓄国债。其中，第一种国债和第三种国债不能上市流通，没有信用风险和价格波动的风险，其利率也比同期储蓄存款利率高。另外，国债免缴利息税，而银行存款要缴纳5%的利息税。而记账式国债是上市交易的，可以随时买卖，收益相对较高，但是保本功能随之下降，有一定的风险。

方式5：投资股票

股票是风险最大的一种投资方式，但它的收益也是最高的，正所谓“收益与风险成正比”。投资股票考验的不但是一个人的智慧、运用信息的能力，更是对一个人心理素质的考验，其中的深奥哲学不是三言两语能讲清楚的，但奉劝女人一句：投资股票要保持平常心，不要抱着“一定要赚钱”的想法投资股票。

总而言之，女人在选择这些理财投资方式时，一定要认清自己，要以自己的需求为出发点，不要盲目听信别人。要知道，每个人的经济能力及风险承担能力都是不同的，因此对应的投资策略也不相同，但只要掌握了基本的投资规律和法则，选择适合自己的投资方式，你就能稳稳地赚钱。

## 8 准备好三大资产，就能一辈子不缺钱

人们常说：“身体健康，平安幸福，就是自己最大的福气。”但事实上，在身体健康的前提下，摆在我们眼前的，还有五花八门的花销，还有子女昂贵的教育费用、房贷、车贷，还有每天的开销，这些足以让我

们感到压力重重。那么，怎样才能保证一辈子不缺钱花呢？我们需要做哪些准备呢？

著名理财规划师刘彦斌曾说过，人这一辈子要准备好三大资产，才能保证一辈子不缺钱，这三大资产包括保障资产、退休资产、投资资产。

保障资产是指我们努力工作换来的固定收入，从这笔收入中拿出一部分预防不幸事件降临到自己的头上，比如，家人或自己得了重病，或遭遇意外事故等。要知道，这类事件必然会造成大额支出，如果没有这笔保障金，要想东山再起，就非常难了。这笔保障资金也就是人们常说的保险，当负面事件发生时，保险可以带我们走出困境。趁年轻、身体健康时，把收入的5%～8%作为保障资产，可以较好地应付突发情况。

有了保障资产后，女人还必须考虑退休资产。因为就算你有养老金，你也不能完全指望它，你必须通过追加养老金或储蓄来筹集退休资产。退休金是很重要的资产，不能把它与别的资金混在一起，更重要的是，你要从现在开始，准备退休资产。一般来说，要把月收入的15%作为退休资产会比较好。

第三大资产是投资资产。这笔资产包括一家人住的房子、子女的教育费用、结婚费用、剩余资金等。很多人认为自己的全部资产都是投资资产，但实际上，投资资产指的是那些没有债务关系的可动用资产。如果你的房子是向银行贷款买的，你每个月还要还房贷，那么你的房子就不能成为投资资产。

只要准备好这三大资产，这一辈子就不会遇到经济上的难题。如果发生意外或得了大病，保障资产可以保护你和家人；如果退休后失去了固定收入，退休资产和投资资产就能保护你本人。

为了获得这三大资产，女人有必要从以下三个方面来努力：

第一，做好本职，蓄势待发。

每个女人都要认清自己，既不可高估自己，也不能贬低自己。要对自己的优势和特长进行合理的分析评估，找到与自己特长相关的工作，在本职工作中提升自己、锤炼自己，让自己有能力随时迎接可能降临的发财机会。要相信，只要你用心工作，总有一天，你会在自己的工作上获得成就。

现在很多女人“高不成，低不就”“吃着碗里，看着锅里”，频繁地换工作，忙忙碌碌，到头来却一事无成，一辈子不会与富有沾边。这种情况每个女人都要避免。

第二，盘活资源，合理分流。

每个女人都知道只有让钱生钱，才能快速走上发财致富的道路。可是作为工薪一族，女人手里的钞票毕竟是有限的，如何才能让钱生钱呢？有些人把多年的积蓄投入到股市，想着在股市大捞一把。可是股市的变化太快，还没等她们回味过来，她们的资金就少了一大半。

其实，投资股市并没有什么错，错的是把所有的鸡蛋放进了一个篮子，错的是有一颗渴望暴富的心，错的是发财致富太急于求成。正确的做法应该是，合理地支配手中的投资资金，在安排好家庭保险、孩子教育经费、意外资金之后，把剩下的资金用于投资。这样才能从容面对投资风险。当你赚了时，不会贪念更多；当你赔了时，你可以耐心等待股市回暖。相信在你的从长计议下，你的“钱途”会一片光明。

第三，利用强项，创造财富。

每个人都有自己擅长的地方，女人要对自己的学识、爱好、优势等进行认真地分析，然后制订出淘金计划。如果只是盲目跟风，那么十之八九会失败，甚至可能血本无归，从自己身上挖掘宝藏才是最靠谱的。

小楠是一家杂志社的美术编辑，主要负责杂志的封面设计、内文的排版等工作。一次，一位朋友创办工作室，请她帮忙设计几张宣传单。当她设计完之后，朋友给了她500元的酬金。当时她灵机一动，马上想到利用自己的专业能力赚点外快。

从那以后，小楠开始联络以前的同学，让他们帮忙介绍相关的设计工作。由于她的很多大学同学都是干这行的，也了解小楠的水平，因此，大家就把平时做不完的活或做不好的活给她做。一张彩色的平面设计图样大约400元左右，小楠只要两个晚上就能搞定。

那年国庆节前期，有个当公务员的同学请小楠为单位做了一本100多页的画册。小楠花了一个月的时间，赚到了8000元。就这样，小楠在空余时间利用兼职赚了不少钱。

每个人都有自己的一个储钱罐——“钱猪”，里面存储着你某方面的经验或才能，只要你充分利用这个钱罐里的强项，努力把它做大做强，你就可以和财神爷拥抱。当你和财神爷拥抱之后，你就可以充分准备好三大资产，让你的一生不缺钱。

# 第十章 时尚与心计让女人性感与智慧并存

性感的女人让男人停下，智慧的女人让男人留下。不要只想着做绣花枕头一般的女人，要做就做一个有内涵、有心计、有智慧的女人。女人因智慧而变得美丽、显得性感，智慧是女人一生的追求。当然，如果你既有智慧，又懂时尚，把自己打扮成一个性感的女人，让自己兼具性感和智慧，那么你就是具有独特魅力的女人。

## 1 优雅的外在形象是你的第一张名片

生活中，我们经常会看到这样一类女人：她们长相并不漂亮，但是看上去却很舒服。她们秀外慧中，穿着得体，打扮入时，既有慈母般的温柔，又有淑女般的贤惠，还有智者般的谈吐，给人一种优雅大方的外在形象。看到这样的女人，谁会不对她心生好感呢？

优雅的外在形象是女人最大的无形资本，是女人最大的竞争优势。有人曾对“女人在职场中最大的资本是什么”进行调查，发现能力占了43%，仅次于能力的外在形象占了33%，人际关系占了14%，学历占8%，金钱和职位各占1%。而优雅的女人具备了外在形象和人际关系双重优势，即获得了47%的成功资本，如果她能力不差，是不是成功的可能性非常大呢？

国外有一份调查显示，在能力相当的情况下，外在形象优雅、气质好的女人要多赚5%的收入。可以说，一个优雅而有气质的职业女性将给自己的事业带来额外收益。还有调查显示，一个阳光、举止得体的女人，能比其他同事签下更多的客户，这在经济学上叫做“美丽贴水”。

其实，无论是在职场上，还是在生活中，优雅的外在形象都是女人的第一张名片。在职场上，良好的外在形象可以提高人的精神风貌，能让别人对你产生良好的认同感、信任感，在心理上获得一种愉悦，从而使别人愿意与你合作共事。在生活中，优雅的外在形象可以增加你的亲和力，让人愿意和你接近，和你交朋友，从而使你获得更多的交际快乐。

英国作家毛姆曾经说过：“世界上没有丑女人，只有一些不懂得如何使自己看起来美丽的女人。”如果你的容貌不那么出众，你就要学会寻找自己独特的个性之美，更要注重内在气质的修养。

俗话说：“女为悦己者容。”女人也应该为自己容。所以，女人需要善待自己，好好打扮自己。美容大师克莱尔·玛娜有一个著名的打造百分百美人的公式：30分姿色+10分化妆+20分服装+20分首饰+20分皮包=100分美人。这与我们说的“三分长相，七分打扮”有异曲同工之妙。姿色难以改变，因此，我们要从化妆、服装、首饰、皮包等方面努力。那么，到底该怎么做呢？下面提供几点建议：

建议一：30分姿色跟遗传有关

相貌是与生俱来的，是父母遗传的。这要看你的造化。如果你没有动人的相貌，你不妨多读读书，让自己腹中有诗书气，让自己变得有内涵、有深度、有神韵；如果你没有出众的相貌，你不妨多一点温柔，多一点微笑，多一点大方和洒脱，这样你亦能成为优雅的女人。

建议二：10分化妆要淡雅

女人不会化妆，那就少了几分气质。化妆是一门学问，不会化妆、乱化妆的女人，只会给自己增加败笔。到底该怎么化妆呢？答案是化妆要干净利落、不留痕迹、清新淡雅。化妆最高的境界是似有若无。如果你想给人留下一个优雅的外形，最好别用蓝眼影、黑唇膏，即使艳红色的唇膏也要小心用。你的眉毛要修得与脸型协调、眉影要打得自然清晰。千万不要王婆画眉，画得又黑又浓，像一道挥之不去的炭痕。粉底要打得透明、细致，打粉底的时候要注意别让眉毛沾上，千万不可粗心大意。这样，你走出门才是一个清清爽爽的女人。

建议三：20分服装要得体

衣服除了驱寒保暖、遮羞之外，还有一项重要的功能就是扬美抑丑。关于穿衣的学问，恐怕一本书也写不完，它的精髓在于“得体”。要知道，服装不分贵贱，长裙有长裙的飘逸，短裙有短裙的简约，牛仔裤有牛仔裤的精练，吊带小背心有吊带小背心的性感……不管哪一款，适合自己的才是最好的，这就叫得体。得体是首选，然后再考虑其他。女人穿衣服一定要结合自己年龄、身份、职业、场合来选择衣服，这样才能穿出品位、穿出气质、穿出个性、穿出自信、穿出优雅。

建议四：20 分首饰要精美

一个渴望美丽的女人，首饰绝对是不能少的，翠玉的手镯、本色陶土的项坠，还有猫眼儿、珍珠项链、铂金的指环、镶钻的耳钉和发卡等等，懂得佩戴首饰的女人才能让自己充满珠光宝气，才会彰显个性，尽现从容与优雅。但是女人不宜佩戴太多的首饰，否则会显得浮夸。

建议五：20 分皮包要简约

皮包是优雅女人不可或缺的道具。皮包除了用来盛物之外，还有重要的装饰和搭配作用。皮包和鞋子一样重要，正确地使用会起到锦上添花的作用，错误地使用则是败笔。因为皮包不可能像衣服一样频繁地换，所以皮包从款式到做工到质地，都要选购上乘的，而且要与服装浑然一体，不可将就。有些皮包典雅，有些皮包古朴，有些皮包结珠缀金，非常精巧……提在手里，挎在肩上，都能让你成为优雅的女人。

## 2 知性女人，气质由内而外

经常听到有人说“知性女人”，那么什么是知性？知性女人又具有哪些特点呢？其实，知性指的是知书达理、知情识趣、人情练达、洞悉世事，既有灵性，又有悟性，还有长性。知性女人聪明而不张狂，优雅而不孤傲，内敛却不失风趣。知性女人浑然天成，她不炫目，不耀眼。知性的女人静若止水，动如脱兔，动静皆相宜。

知性女人也许没有闭月羞花、沉鱼落雁的容貌，但是她的一举一动，都极致优雅；知性女人也许没有性感、高挑的身材，但她珍爱自己，从不自怨自怜；知性女人兴趣广泛，精力充沛，还有一颗难得的童心；知性女人充满浪漫气质，就像春天里的一缕暖风，六月里的一朵夏荷。

知性女人独立进取，智慧、坚强，积极追求人生目标；知性女人拥有个性，对世界充满好奇；知性女人懂得时尚，总是把自己打扮得体，气质优雅；知性女人谈吐得体，拒之从容，收放自如；知性女人就像一杯清茶，散发着独特的芳香。

知性女人拥有学识和涵养，还拥有别具一格的魅力，她由内而外透着迷人的气息。一个知性的女人，不仅能征服男人，也能征服女人。因为她既有强大的人格魅力，又有端庄优雅的仪容仪表。

美国作家、人际关系大师戴尔·卡耐基十分欣赏知性女人。他认为，知性女人是最具魅力的女人。她们聪明智慧，人情练达，超越了一般少女的天真幼稚，又没有女强人的那种咄咄逼人，在不知不觉间流露着温柔的魅力。

要想成为知性女人其实并不难，只要你注重自我修炼，充实内心，增强自信，丰富阅历，提升品位，那么你的知性美就会慢慢体现出来。在成为知性女人的过程中，你有必要深刻认识知性女人的核心特质。

知书达理，善解人意。知识是知性女人必须具备的，没有知识的女性，不可能成为知性女人。这里的知识并不完全指所受的高等教育，有些女人虽然学历很高，但却是读死书，言语无味，形象邋遢，生硬刻板，只认死理。而有些女人虽然文化层次不高，但是为人体贴、善解人意，与之相处，让人感到愉快，这才是知书达理、善解人意的要点。

知情识趣，颇具风情。知性女人是有生活情趣的女人，她们颇具风情，懂得浪漫。她们懂得给男人留面子，而不会让男人尴尬。她们也会撒娇，使使小性子，但会拿捏好分寸，绝不无理取闹。

独立自信，沉稳大气。知性女人拥有独立的思想和人格，她们不依赖谁，不人云亦云，不会背后说人闲话，以讹传讹，她们对事物有独到的见解。知性女人自信、有底气，她们懂得包容别人，而不与别人斤斤计较，懂得忍让，而不轻易动怒。

人情练达，拿捏有度。知性女人懂人情、知事故，人性的善与恶，真与假，她们往往能洞察清楚。她们心中有一把尺子，在丈量别人的同时，也会丈量自己，以保证待人如己。她们对人情世故的拿捏，总是收放自如，游刃有余。

女人的知性与年龄有关。女人 30 岁之前是张扬的、单薄的；30 岁之后，是饱满的、丰润的。知性女人是成熟的女人，既有丰富的内涵，又有婉约的仪态。如果把年轻靓丽的少女比作山涧里欢快奔流的溪流，那么知性女人就是宽阔湖面泛起波澜的湖水。虽然少了浪花，可是多了沉淀，多了韵味。

女人的知性还与阅历有关。知性是一种沉淀，是一种积累。既包括知识的积累，也包括阅历的丰富，还包括经验的堆积。在岁月的磨砺中，知性女人会多添一份从容，多添一份坚强。与知性女人交往，你会发现她们不做作、幽默风趣、自然大方。和她们在一起，你会感觉如沐春风，神清气爽，轻松愉快。

女人的知性与阅读有关。对书的钟爱是知性女人的重要特质之一，阅读能让女人获得丰富的思想，获得深刻的人生感悟，从而使她们从容地观察世界。知性女人充满才情和财气，她们心性如花，雅俗共赏；品性如木，内外兼修。她们有时娴静儒雅，有时热情奔放，她们的一笑一颦总能撩人心弦。

知性女人既有灵性，也有弹性。对于女人的灵性与弹性，当代作家周国平是这样诠释的："灵性，是心灵的理解力，是一种直觉，是一种心灵的悟性。有灵性的女人，善解人意，善悟事物的真谛。而弹性则是性格的张力。有弹性的女人，性格柔韧，伸缩自如。她善于在妥协中坚持。"知性女人心思灵巧，敏捷聪慧，具有超强的悟性。在与人沟通和交流中，她们三言两语，就能触及问题的本质，而有些话你不必说透，她们已经心知肚明。

知性女人，就像是周敦颐在《爱莲说》中所描画的莲："中通外直，不蔓不枝，香远益清，亭亭静植，可远观而不可亵玩焉。"知性的女人可以没有技压群芳的惊艳，也可以没有傲视群雄的学识，但她们内外兼修，永远是那么温柔、自信、大方、迷人。

## 3 了解自己的身材比例，凸显气质的要领是扬长避短

生活中，几乎没有女人对自己的身材百分之百满意，不是嫌弃自己屁股大了点，就是嫌弃腿部短了点，再就是嫌弃自己胸部小了点。女人只恨世上没有一把神奇的"刻刀"，否则，一定要随心所欲地雕塑自己的身材。其实，女人根本没必要为自己的身材而烦恼。因为只要女人了解了自己的身材比例，根据自己的身材特点着装，做到扬长避短，就能很好地凸显自己的气质。

身材比例？听到这个字眼，你会不会惊讶一声呢？举个例子，一般来说，如果一件上衣长 107 厘米，那么穿在腿长为 79 厘米的女人身上，效果是最完美的。然而，很少女人的身材符合这个比例。因此，女人首先应该了解自己上身和下身的比例。

完美的上身和下身比例应以肚脐为界，为 5∶8；胸围由腋下沿胸部的上方最饱满处丈量，应为身高的一半；完美的腰围应比胸围小 20 厘米；大腿围量大腿的最上部位，臀折线下。完美的大腿围应比腰围小 10 厘米；小腿围应量小腿最饱满处，小腿围应比大腿围小 20 厘米；肩宽是指两肩峰之间的间隔，最完美的肩宽，应是胸围的一半减去 4 厘米。

女人如果想穿得漂亮，不只是会选衣服就可以了，更要了解自己的

身材。当你确定了自己的身材比例之后，你可以按照简单的指南去搭配适合自己身材的衣服，从而达到扬长避短，穿出自己的个性。

比如，你的身材中等，那么你可以穿宽松的上装，然后将下摆塞进有腰带的长裤。你要注意的是，如果你的身高在1.68米以下，应该避免穿肥大的裤子。相反，如果你的身高在1.83米以上，应该避免贴身的裤装。

如果你的身短腿长，你要想办法让自己的腰线看起来显得更低一些。为此你可以把上装和衬衫穿得宽松些，你可以选择裤腿较宽大的裤子，你还可以穿裤脚卷边的裤子，还可以穿英式剪裁或意大利式的西装，也可以穿带花纹或纹理的裤装。你要注意的是，不要把你的休闲衬衫或上装塞进裤子。

如果你的身长腿短，你要想办法让自己的腰线看起来显得更高一些。你可以穿较短的上装，并且把上装塞进裤子里，你可以选择瘦长的裤装，外套的纽扣要钉得高一些，你还要确保你上衣的颜色比裤子更浅或更亮，这样可以让你的身材显得更匀称，更富有美感。你要注意的是，别穿宽大、裤管松垮的裤装、裤脚卷边的裤装。

如果你的身材矮小（低于1.55米），你也可以通过穿衣打扮凸显自己的身材。当然，你不能简单地穿双高跟鞋、梳个高耸的发型，这样有可能会显得不伦不类。你最好选择清一色的服饰，比如那些简单、大方的直线条服装，它们会让你的身材显得高一些。你还可以选择直筒长裤、简单的夹克、垂直线条的百褶裙，或者选择从头到脚同一色系的衣服，这样会让你娇小的身材显得轻松自然。你要避免的是，不要选择那些看起来有重量的面料、颜色繁杂、长及脚踝的裙子，也不要选择那种宽大的蝙蝠衫、喇叭裤以及紧身裤。

如果你的个子很高，你或许觉得有很多衣服适合自己。但你仍要注意，千万不要再穿那些会让你看起来显得更高的衣服。比如，紧身衣、冷色调的紧身裤等。你最好选择那些超过膝盖的裙子、富有创意的长袜以及宽松拉风的大衣。

生活中，有些女人会发出这样的感慨："明明个子很高，为什么还是撑不起来呢?"造成这种情况通常有两种可能：一种是身材比较瘦，一种是肩部比较窄。对于这两种情况，女人在选择衣服的时候，应该尽量避免那些面料为棉或麻的有垂坠感的服装。在搭配衣服的时候，应坚持多层次搭配的原则。比如，里面穿一件紧身衬衣，外面穿一件牛仔外套或马夹，再在低胸的外衣上搭配一条丝巾，这样可以掩饰女人身材瘦小或肩窄的缺点。

还有一些女人的身材偏胖，面对花样百出的服装，她们总是发出声声感叹。其实，即使你有点胖，也不必烦恼，因为只要你的服饰搭配恰当，你也会"瞬间瘦身"。你可以选择那些面料柔软的衣服，也可以在肩上搭一条围巾或披肩。你要避免的是，千万不要在腰上系腰带，即使那种宽腰带也不行。另外，偏胖的女人最好不要尝试紧身服装、特别宽大的服装、满是褶子的服装。因为这些衣服只会放大你"偏胖"的特点，掩盖你的美丽。

## 4 衣橱的秘密——着装是一门艺术

得体的着装，是女人提升自我魅力的最基本要求，穿衣打扮的本身就是女人智慧的体现。对女人来说，着装是一门艺术，每个女人都应该有一个衣橱，里面有各种不同款式、适用于不同场合穿着的服装、鞋子、皮包，让自己每一次亮相都独具魅力、风情万种。

对女人而言，穿衣打扮是一门艺术。一个善于打扮自己的女人，会在不知不觉中形成自己的风格。她知道自己不同的穿着有不同的味道，比如，有的着装打扮如油画般明艳照人，有的着装打扮如水墨画般清新典雅。

小琴的相貌在单位女同事中并不算出众，但是每次老总外出谈判或出席宴会时，总喜欢把她带在身边。渐渐地，小琴在这些场合中锻炼出一身高超的为人处世能力。后来被老总提拔为副总经理，成为总经理的得力帮手。

小琴的成功犹如鲤鱼跳龙门，让好朋友感到非常吃惊，于是好朋友向她取经。她什么都没说，只是把朋友带到家里，让她参观了一下自己的衣橱。

小琴的衣橱体积并不是很大，但是里面整齐有序地挂着她自己的衣服，各种各样的色调，有各种各样的款式。这些衣服风格不尽相同，有的衣服女人味十足，有的衣服霸气外露，有的衣服显得很职业，有的衣服很休闲……

在衣橱的下边，有一排整齐的高跟鞋，一共有 10 双，颜色以冷色系为主，还有两双靴子，靴子的高度差别很大，但是细看一下，并不是什么名牌。剩下的鞋子里有的是运动时穿的，有的是休闲时穿的，每一双都很干净，一尘不染，没有任何褶皱和异味，一看就是精心打理过的。

看完小琴的衣橱，好朋友马上明白了小琴为什么能鲤鱼跳龙门，在职场不到两年，就能获得高升。

其实，女人精心地打扮自己不单单是为了职场高升，还是为了让自己时刻保持美丽，让自己在别人心目中留下好印象。但是着装不是一件简单的事情，要想树立自己美好的形象，女人就要学会根据场合选择着装，让自己成为一个穿着得体的女人。

在舞会上，女人要让自己的着装显得光彩照人。

跳舞能让女人灿烂起来，当纤细的身子旋转起来时，女人的美丽能得到充分的展现。

女人在舞会上，应选择富有弹性的衣服，这样能让你伸缩自如；衣服的颜色应偏重于鲜艳，还要有点个性，比如，在活泼鲜艳的衣服上加上素花边；当你穿无袖或无肩带的裙子时，可以戴长手套，但是你开始跳舞或晚会开始时，你要记得脱掉长手套。

在宴会上，女人要让自己的着装显得美丽高贵。

宴会是一个华丽的场所，你应该以美丽高贵的姿态出现在这里，因此，选择一款精致的礼服是首要的。比如，传统精美的旗袍，简单大方的短裙礼服，带有蕾丝花边的裙子，等等，这些裙子能让你显得美丽而高贵，成为宴会上备受关注的对象。

在面试时，女人要让自己的着装显得稳重大方。

在面试的时候，你要给人一种稳重大方的印象。所以，选择的衣服应该庄重一些。一般来说，颜色以单色调为宜，黑色、灰色、白色、米色、深咖啡色等，都是不错的选择。如果你喜欢穿裙子，应注意腿部线条和身体的曲线保持流畅。长袜的颜色应和肤色接近。值得一提的是，袜子的颜色最好比鞋子的颜色浅。当然，你也可以选择长裤，直筒长裤可以显现你的干练。

在办公室里，女人要让自己的着装显得聪明干练。

作为一个职业女性，应该给人一个清爽干练的印象。毕竟办公室不是时装发布会，因此，你千万不要穿得太随意、太前卫，否则，别人会误认为你是个浮躁的女人，只爱打扮，不爱工作。另外，职业装的质地要好一些，因为面料太低劣，裁剪太粗糙，会让人怀疑你的品位，进而怀疑你的工作能力。

在约会中，女人要让自己的着装显得温柔可爱。

约会的着装应比较随意，你的服装可以是柔和的粉红色，也可以是淡淡的米黄色，还可以配上可爱的小饰品，让你显得天真可爱。如果你的约会对象是男朋友或老公，你可以把自己打扮得有女人味一点，比如，穿一套色彩柔和的连衣裙，或穿一件低胸装，这是风情万种的体现。

在婚礼上，女人要让自己的着装显得与众不同。

如果你参加别人的婚礼，一定要记住：无论你多么漂亮，都不要让你的风头盖过新娘。如果你穿着打扮太突出，让人误以为你是新娘，那么新娘肯定会很不爽。明智的做法是，穿得清新脱俗一点，比如，穿上丝质的长裤套装，让你有一种优雅的风度。你还可以配上胸花，让套装看起来更有特色。记住，一定要穿高跟鞋，但是鞋跟的高度要适宜。

在家中，女人要让自己的着装充满情趣。

女人在家中穿衣可以随意一些，但是这不等于不修边幅，把自己搞得像个丑婆娘。居家过日子，女人的着装应以舒适为主，比如，穿很舒适的棉质衣服，宽松亮丽一点，款式新颖一点，这样家会因为有你而变得温馨有情趣。

以上不同场合的服装女人都应该备一套，整齐有序地放在衣橱里，需要的时候穿上，把自己精心打扮一番，你的魅力肯定会大大提升，你的好运自然也随之而来。

## 5 时尚让你永远成为焦点

当一个人走在流行前面时，那叫前卫；当一个人落在流行后面时，那叫落伍或者保守；当一个人和流行同步时，那才叫时尚。如果你懂得追求时尚，那么你将会成为一道风景，女人会仿效你，男人会欣赏你。时尚会让你成为永远的焦点，会让你成为生活的宠儿，快乐青睐你，幸福靠近你。

服装大师安妮·克莱恩曾经说过：“衣服不会改变世界，穿着它们的女人才会。”言外之意是，你所穿的衣服不能代表你，你用衣服展现出来的这个人才能代表你。一个追求时尚的女人是一个喜欢投资购衣、喜欢打理自己的女人；一个追求时尚的女人是活色生香、气质非凡的女人；

一个追求时尚的女人，总能把昂贵与低廉的服装巧妙地搭配起来，把奢侈品与地摊货巧妙组合起来。

在男人眼里，时尚的女人是有魅力的女人；在女人眼里，时尚的女人是最摩登的女人。在如今这个个性张扬的时代，女人不必那么矜持，那么伪装，真实、舒服、自然、洒脱才是女人应该追求的目标。可以说，追求美丽、追求时尚，是现代女人最真实的一面。所以，想开点，努力做一个追求时尚的新女性吧。

女人们要注意的是，追求时尚不是说用奇装异服来树立自己的形象，因为这不叫时尚，而叫哗众取宠；也不是说用名牌来包装自己，因为这也不叫时尚，而叫炫耀。如果一个女人一味地用奇装异服或名牌服装包装自己，那么她会在不知不觉中失去自我，变成时尚的奴隶。那么，女人该怎样追求时尚呢？

第一，衣服不用太贵，但要与自己的气质匹配。

女人在追求时尚服装的时候，不必刻意求贵，也不必非要买品牌。因为品牌的服装不一定最适合自己，而且品牌的服装往往价格不菲。有时候，购买一件品牌服装花的钱可以购买十件非品牌的衣服。而且一件衣服质地再好，生命力也是有限的。因此，为何不退而求其次，用购买品牌服装的钱购买多件适合你的衣服呢？

聪明的你在选购服装的时候，应该坚持“不求最贵，但求最好”的原则。很多女人善于淘衣服，总能在逛街的时候，从林林总总的服饰中选出最适合自己的那件。她们还善于用不同的方式买到自己满意、价格合理的衣服，比如网络购物，因为同样的衣服，网上购买会便宜很多。

第二，注重搭配，把 10 件衣服穿出 20 件的效果。

衣服不在多，而在于巧妙搭配。生活中，有些女人的衣柜里塞满了衣服，但每次约会或出席重要的场合之前，把所有的衣服都拿出来试了一通，仍然觉得没有衣服可穿。而有的女人擅长搭配，虽然只有 10 件衣服，但却能穿出 20 件衣服的效果。

比如，一件上衣与不同的裤子或裙子搭配，就能产生不同的效果，或者同样的裤子或裙子搭配不同的上衣，也能产生不同的风情。聪明的女人发现一件漂亮的衣服时，不会冲动地买下，而是会先思考一下：这件衣服和我衣橱里的哪件衣服相配，或者琢磨——我能轻松买到与这件衣服相配的衣服吗？

第三，充分利用配饰，把平淡无奇的衣服穿出别样的效果。

追求时尚不是要你彻头彻尾地改变，而往往是一个小配饰的变化，就能演变出不同的风格。比如，丝巾、项链这类配饰看似不怎么起眼，但往往能折射出一个女人的品位。聪明的女人懂得利用这些配饰装扮自己，使自己的穿着更加出彩，从而渲染出不同的自己。

举个例子，小巧的耳钉能很好地表现出女人的精致，而夸张的耳坠能显得女人味十足，金色的挎包可以凸显女人的优雅，较大的单肩包则能表现出女人的随性。你在穿衣服的时候，不妨精心挑选不同的配饰，从而点缀出自己的独特气质。也许你的裙子平淡无奇，但是换上一根腰带，就能让你变成时尚女郎。

第四，在任何场合，都要让自己秀色可餐、暗香浮动。

有些女人经常不修边幅，穿着牛仔裤、运动鞋，整天一副素面朝天的样子，看似有一种清纯的美。可是男人并不喜欢随随便便的女人，女人要想让自己变得更有吸引力，就要从脸上下功夫，把自己打扮得精细一点吧。当然，这样做不仅是为了男人，更是为了自己。因为追求美丽对于女人而言是永恒的目标，女人的漂亮在出生的时候就注定了，但是女人的美丽却是在后天修炼而成的。

一位哲人曾说过：“任何外表的美，如果没有内在的气质加以修饰那都是不完美的。”因此，女人一定要不断充实自己的内心。因为女人的衰老是无法阻挡的，但女人的成熟气质却可以因为年龄的增长而更加脱俗。所以，女人要尽量多学点知识，加强个人修养，让丈夫赏心悦目，让孩子以你为荣，让朋友忍不住欣赏。这样的女人才是大家心目中的焦点。

## 6 每天出门，请保持出镜般的妆容

清晨，每个职场女人都急着出门。尽管时间紧张，但是别忘了打扮一下自己，让自己保持出镜般的妆容，这样可以让你一整天都显得秀色可餐，让你更有信心面对一天的工作。对于大多数女人来说，打造出一个大方、优雅、简约的妆容非常重要。下面，就是打造女性完美妆容的具体方案：

第一步：粉底

粉底就是女人的第二肌肤，能给女人一个绝好的脸色，是彩妆发挥神奇效果的基础。在涂抹粉底时，一定要注意均匀涂抹，尽量把黑眼圈和雀斑遮掩起来。然后，再刷一层薄薄的散粉，你的脸色就会变得更加自然。

在选择粉底时，一定要选择与你肤色接近的粉底色。很多杂志上展现出模特那娇嫩的皮肤，让女人们很是羡慕，其实那是优质粉底产生的效果。选择的粉底不宜太白，不然会有“浮”的感觉。

涂抹粉底时，不宜涂抹过厚，你可以用拍打的手法，在脸上薄薄地施上一层。要注意的是，发际与颈部的粉底一定要自然过渡，以免产生一种“面具”似的感觉。另外，上粉底之前，最好在脸上涂抹营养霜，等营养霜完全吸收后再上粉，这样可以保证均匀的上粉效果。

第二步：修眉

眉毛高挑，往往能显示出女人的柔媚和韵味，但是在职场，在办公室，最好选择眉形稍粗，眉峰稍锐的眉形，这样可以让女人显得能干而精明。如果你的眉毛比较杂乱，而且眉梢向下，你不妨用眉钳拔掉杂毛，再用小剪刀把眉毛修剪出比较清晰的眉形，如此，你的脸型瞬间就会焕发出奕奕的神采。

第三步：睫毛

眼睛是心灵之窗，也是女人妆容的点睛之笔，而眼睛是否透亮，是否能起到画龙点睛的功效，很大程度上在于睫毛。只要你有睫毛膏，便可以用睫毛刷蘸一点睫毛膏，然后从睫毛的根部开始左右刷，再往睫毛梢处刷，这样一来，睫毛的根部由于有足够的睫毛液，就会自然卷翘起来，你的双眸就会像放电一般，顿时充满神采。

第四步：腮红

色彩俏丽的腮红可以把女人的脸部轮廓衬托得愈发娇俏，能恰到好处地展现女人柔美动人的特质。一般来说，腮红有这样三种：

第一种是花瓣型的腮红：是指由中心往外延伸，这种腮红可以让女人显得天真可爱，又带有一些害羞，让女人变得特别亲切可人，容易亲近。

第二种是贝壳型的腮红：是指由下往上，由长变短，沿着脸颊斜着刷，这样可以让女人的脸庞看起来显得瘦长。这种腮红对大脸和圆脸的女人而言，是不可缺少的装饰。

第三种是扇子型的腮红：是指由眼部开始，从中间往下画，就像一把扇子慢慢打开一样。这种腮红可以使原本没有神采的眼睛变得炯炯有光，神采奕奕。

第五步：红唇

除了睫毛，唇部是女人妆容的第二个点睛之笔。一个丰盈的红唇，可以瞬间彰显女人的动人。如果你想体现出双唇的丰满和性感，你不妨先用唇线勾出一个诱人的唇形，再添上性感的水晶唇膏，让闪烁的光泽帮你营造魅力四射的气质。你也可以先涂抹一点唇膏，再抹上一点唇彩，让你的双唇变得更加柔润，充满性感与诱惑。

第六步：香粉

女人没有香水的点缀，仿佛就失去了灵魂。因此，每天出门之前，不妨给自己加点香粉，让淡淡的芳香一整天都围绕在自己周围，也让这淡淡的芳香把男人的关注和赞美吸引过来。当你走在大街上，走在地铁里，坐在公交上，都有人为你的芳香而放慢脚步，为你的神采而倾慕于心。

第七步：表情

再美好的妆容，也敌不过一个坏表情的破坏。有人说，女人最美的妆容是微笑，不错，如果你不懂得微笑示人，不注意控制自己的表情，那么纵然你每天早上出门有一个完美的妆容也难以释放自己的魅力。

无论是在严肃的工作场合，还是在轻松的休闲场合，你都不要把表情固定化。你可以微笑，也可以大笑，但绝不要板着脸。如此，你的精致合宜的妆容配上你笑容绽放的表情，你就是绝色的魅力女神了。当然，这种积极的表情应该是发自内心的，能表露出你内心的愉悦，表达出你神经的舒缓，这样才可以打破紧张工作中的僵局，消除周围人的戒备心理。这样，在强大的工作压力之下，你才能够游刃有余地应对。

## 7 让自己的一举一动变得赏心悦目

一个女人的肢体动作、身体姿势，通常可以反映出她的内在。比如，步伐轻盈、矫健的女人，让人感到精神蓬勃、朝气焕发；步伐稳健、端正有力的女人，给人正派、沉着和自信的印象；步履蹒跚、弯腰驼背的女人，给人以丑陋庸俗、无知浅薄或精神压抑的印象。

又比如，当一个女人坐下时高跷二郎腿，或习惯性地抖腿，或随心所欲地搔痒，往往给人懒散、庸俗的印象；当一个女人坐下时，把双手夹在大腿中间，或垫在屁股底下，或撒开两腿，呈现“大”字形时，往往是失礼而不雅的，会给人留下缺乏教养、低俗、轻浮的不良印象。

一位美女穿着性感的超短裙、黑色丝袜及10厘米的高跟鞋，极好地展现了自己性感的身材。然而，她穿这身着装参加葬礼，当她出现在葬礼现场时，就会引起全场骚动和哗然。更让人接受不了的是，在葬礼现场，她和别人高声聊天，时而哈哈大笑，前仰后合，时而一惊一乍，窃窃私语，让人十分生厌。

作为女人，如果你想让自己的一举一动、外在形象变得赏心悦目，一定要注意自己的穿着打扮、言行举止是否与周围的环境和谐、合拍。在严肃的场合，如果你与人打打闹闹，笑得前仰后合，那么你会让人大跌眼镜；在轻松的场合，如果你双手抱胸，姿态拘谨，也会让人敬而远之。

俗话说得好：“站要有站相，坐要有坐相。”女人的举止体态，与其相貌同等重要，优雅的举动和体态，可以显示出女人的气质和风度。

在这里，举止和体态主要是指坐姿、步态、站姿等。女人要记住，一个受人尊重，受人欢迎的女人，不一定是长相漂亮的女人，但一定是仪态得体，一举一动都合乎时宜的女人。

英国哲学家培根有一句名言：“形体之美胜于颜色之美，而优雅的行为之美又胜于形体之美。”优雅端正的体态、敏捷协调的动作，才能给人留下美好的印象。女人若想让自己的一举一动变得赏心悦目，就有必要做到下面三点：

（1）大方自然的站姿

女人在站立时，应保持抬头挺胸，双眼平视，嘴唇微闭，下颌微收，上体自然挺拔，双肩持平，两只手臂自然下垂的姿势。站立时，你还应根据不同的着装调整站姿。当你穿短裙时，应该把两脚跟靠近，脚尖则自然分开；当你穿旗袍时，可以两脚微微分开，也可以双脚成“丁”字形站立，双手交叉，放在肚脐的位置。当你站立时间较长，双腿疲惫时，不妨两腿交换着支撑身体，不着力的那只脚可适当弯曲，但上身要保持挺直。

在站立时，女人最忌讳的是弯腰、驼背、耷拉脑袋、腆着肚子。当有人与你交谈时，切忌身体摇晃，或东张西望，或表现得漫不经心，或靠着墙壁、倚着柜子，这样会让人觉得你萎靡不振、毫无朝气和活力。

（2）端正稳重的坐姿

正确的坐姿应该是这样的：

平缓地走到座位前，从容地转身，缓缓地坐下来。落座之后，上身要挺直，双手放在膝上，如果座位有扶手，可以把双手放在扶手上。坐下时，可以微微分开两腿，也可以合拢两腿。在与人谈话时，身体可以有适当的倾侧，以表明对别人的话题感兴趣。

女人一定要注意坐姿的雅观，尤其是当你穿超短裙时，千万不要大张双腿，以免“春光乍现”，既显得自己不文雅、庄重，也会给别人留下媚俗的印象。落座之后，可以适当把裙子拢一下，可以双腿垂直于地面，也可以双腿向一侧倾斜叠放。如果你想挪动椅子，应先站起来，把椅子挪到欲坐处，再坐下去，而不要坐在椅子上挪动椅子，那样有违社交礼仪。

（3）优雅从容的走姿

行走时，女人应保证双眼正视前方，步伐轻盈、从容、平稳、有节奏感、直线行走。步频不宜过快或过慢，过快给人一种急躁感，容易“急中出错”；步伐过慢，则显得没有精气神。走姿最忌讳的是，脚步不干净利落，而是拖泥带水，甚至让鞋底拖在地上。

值得注意的是，现代女性穿高跟鞋，一方面是为了增加身高，使身材显得高挑一点；另外还有一个目的，也许很多女人不知道，那就是为了收腹、提臀、挺胸，让女人走动时的身姿保持曲线美。所以，劝告不爱穿高跟鞋的女人，穿高度适当的高跟鞋，对塑造你的迷人外形是有益的。

## 8 优雅不仅仅是穿着与妆容，更是才能与学识

优雅是女人真正的美，是女人真正的吸引力。一个再漂亮的女人，如果没有优雅的气质，就如同一朵接近枯萎的鲜花，一潭无法流动的死水。相反，一个人长相一般，但是举止优雅，就会立刻神采焕发，楚楚动人，一伸腰、一低头、一转眼，都会轻舞飞扬，在男人心中泛起阵阵涟漪。

诚然，女人的美貌、时尚的服饰、精心的打扮、得体的妆容都可以增添女人的优雅，给人带来美感。但是这种外表的美或多或少显得肤浅短暂，毕竟容颜易逝。因此，怎样让优雅不随时间消失，不受年龄限制，不受服装打扮制约，是每个女人都渴望了解的。

俗话说："30 岁前的相貌是天生的，30 岁后的相貌靠后天培养。"岁月是一把无情的杀猪刀，当你的年龄到达一定的岁数时，当漂亮不再是你的亮点时，你要懂得充实自己的内心，丰富自身的文化涵养。这才是你恒久不变的优雅魅力，并且它会随着时间的叠加而与日俱增。

源于内心的优雅是女人征服周遭一切的魅力所在，是经得起时间考验的时装和化妆品，即使穿着普通的服装，即使素面朝天，也会格外引人注目。优雅看似无形，实则有形。它是通过一个人的言行举止、个性特征等表现出来的。优雅之美在举手投足之间流露，在待人接物之间表现，在一笑一颦之间彰显。

女人的优雅之美少不了温柔的性格、善解人意的心灵。一个不懂得温柔，不善解人意的女人，纵然容颜再美，也不能称之为优雅。因此，女人要注意自己的涵养，要避免大悲大喜，要学会忍让和体贴。要避免盛气凌人、傲气十足，要学会温柔，展现自身的亲和力。这样才能把你

的内心情感表达出来，而有感情的女人，往往很容易引起别人的共鸣。

女人的优雅之美少不了高雅的兴趣。当一个女人爱好艺术，懂得欣赏音乐、歌剧，偶尔唱唱歌、画画画、跳跳舞时，女人的优雅就在这些高雅的兴趣中不自觉地表现出来了。要知道，艺术源于生活，一个爱好艺术的女人，想必是一个懂得生活的人，这样的女人总能充满迷人的色彩。

女人的优雅之美少不了丰富的才识，一个没有才识的女人，就是一个“空壳子”。如果说，女人的美貌能带给女人自信和吸引力的话，那么女人的才识就能带给女人感染力、亲和力和内涵，让人觉得更有深度，更有味道。因此，每个女人都应该用学识滋润自己的心田。

当女人拥有了学识之后，她便能在美貌的基础上更添几分淑女气质、几分柔情、几分典雅。拥有学识的女人，即使是岁月的皱纹爬上了脸颊，也会风韵犹存，不失优雅的风范。当她与人交流时，其低调的谈吐充满了见地，不论在什么场合、谈论什么问题，她们都是那样有自己的独特看法和独到见解。

有学识的女人就像一坛芳香醇正、醉人心脾的酒，让人忍不住与她们接触，与她们结为良师益友。有学识的女人如同一本书，一本写着女人味的书，让男人忍不住将其当做一生的宝藏，一辈子细细品读，从中感受一份宁静与美好。

古人道：“腹有诗书气自华。”如果你想成为美丽高雅的女人，那不妨在闲暇时间多读书，陶冶性情，提升你的人格魅力，加深你的内在涵养，提高你的思想情操，过滤你心灵的尘埃，净化你充满欲念的灵魂。

爱读书的女人即使不施粉黛，也会显得超凡脱俗；即使不着舞衣，也能显得高贵迷人，因为闪闪发光的智慧同样秀色可餐。对柔情似水的女人而言，读书是一件神圣的事情，会使女人兼具美丽与知识，让女人从书中参透人生的智慧，回味爱情的缠绵，汲取为人处世之道，从而淡泊名利，宁静致远。

# 第十一章 善用你的红颜资本，学会占有男人的心

每个女人都想在男人的内心占据不可动摇的位置。然而，要想占据男人的心，却是一门有难度的技术活。这要求女人保持持久的吸引力，像磁铁一样把男人控制在磁场范围之内，用甜言蜜语滋润男人的心，用含羞带笑牵动男人的情，用若即若离激发男人对你的兴趣，成为一个调配爱情的高手，成为一个魅力与智慧兼具的女人。

## 1 女人可以不漂亮，但不能没有女人味

现实生活中，有些女人长得漂亮，却没什么女人味；有些女人虽然相貌一般，但却气度非凡……这种独一无二的美，就是“女人味”。

古人讲“阴阳”，一虚一盛，一凹一凸，这个世界也无时无刻不在遵循着阴阳互补的法则。一般来说，男人刚烈，女人阴柔；男人粗犷，女人细腻。可见，“女人味”这一概念是相对于男性而言的，那些女人所独有的、为男人所着迷的感觉和气质，就是女人味。而从女人的角度讲，只有不断地完善自己的品性、人格，找到默契的另一半，人生才算完整。

作为一个女人，首先得明白什么是女人味。男人和女人眼中的女人味，往往有很大的差别。在男人看来，女人的温柔、可爱、性感是最吸引人的，而女人觉得，个性、智慧、自信，才最重要。总之，女人味是一种很难用言语形容的感觉，但却是女人独特魅力的集中体现。

心理学家认为：人生阅历和修养层次，在某种程度上决定了女人气质的好坏。有女人味的女人是睿智的、善解人意的，大大咧咧、目空一切的女人，只能招来别人的反感。有女人味的女人，无论衣着、气质、谈吐、行为方式，都有自己的一套标准。不要以为有魅力的女人，只出入于各种高档的会所、酒店，其实真正招人喜欢的女人，既要入得了厅堂，还要下得了厨房，她能陪你享受美味的烛光晚餐，也能给你烧一桌好吃的家常菜。

现代社会的女性，总是过于忙碌，她们像男人一样打拼，像男人一样纵横职场，以至于忘了停下来，好好审视一下自己。很多女人为了承受就业的压力，不断地学习、上进，到最后，骨子里竞争的意识越来越

强，女人所特有的气质却越来越少。现如今，大学里都流行这样一种说法，在图书馆学习的人无非三种：男人、女人、女博士。女人啊，确实应该醒醒了，就算再拼，迟早也是要回归家庭的。

女人到底做错了什么，难道女人不该为自己争取一些地位吗？当然不是。对男人而言，事业的成功意味着一切；可是对女人而言，事业并不是衡量其人生价值的唯一。工作只是生活的一部分，女人还需要花一些时间来修饰自己，让自己看上去更有女人味。

研究证明，男人在见到美女时，智商总是会下降。这时候，女人的优势就体现出来了，在男人眼里，你的容貌、姿态，早已胜过一切了。所以，强化女人的第一步，就是让自己的魅力值增加一倍。一旦你打扮得韵味十足，男人很大程度上就会忽略你的能力，而专注于你的曲线与外表。此时，如果再多一点娇羞和温柔，男人就会彻底拜倒在你的石榴裙下了。

小菲在一家服装公司上班，年纪轻轻，已经混到了部门经理的位置，手下还有七八个组员。小菲的精明在公司里是出了名的，她做起事来雷厉风行，这让许多的男同事都不得不服气。然而，就是这样一个风风火火的女强人，谈起恋爱来却女人味十足。她的办公室里有一个衣柜，每次下班前，她都会脱下正装，换上一身清新的花裙子，在楼下站十多分钟，等男友开车来接她。男友自然也十分庆幸：这样一个既能干又可爱的女人，别人可是打着灯笼都找不着的！

男人时常会这样对自己说："没错，她就是我需要的女人。"大多数时候，他眼前的这个女人，并不是什么"铁娘子""女强人"，而是一个普普通通、细心体贴的小女人。毕竟，女人宁静柔软的胸怀，才是他们真正需要的。

然而，幸福可不是天上掉馅饼，想有就有的。做一个让男人着迷的女人，从来都不是一件省时省力的事。男人们看见女人纤细的手腕、精致的鼻梁、飞扬的裙角，总是会情不自禁地流露出欣喜之情。这时候，女人既要表现得很自然，又要保持一定的矜持。视觉效果达到了，接下来就得想想：如何让这种吸引力长久地保持下去。这时候，你可以明确地告诉男人：我不如你，我得依赖你。女人这样说，并不会让自己低人一等，反而会激发男人的责任心。为了能使自己配得上这份信赖，他会释放出更大的能量来包容你、爱护你。

女人需要关注自己的美丽，也需要关注自己的心灵。一个女人，有了柔情似水的心境，才会有女人味。人们时常会说到一个词：一见钟情。女人想让男人迷上自己，自己得先接纳自己、欣赏自己。每次梳妆完毕，不妨对着镜子，问问自己：这个女人美不美？温柔不温柔？要时常刻意地提醒自己，作为一个女人，内心再愤怒、再强势，脸上也要表现得温和。一举一动、一言一语，都得像一个女人，用女人的方式哭，用女人的方式笑，留下了女人味，才能留住男人的心。

再强悍的女人，都需要一个坚实的堡垒，这没什么可羞愧的，女人就应该让自己的男人知道：你需要他。硬邦邦的“男人婆”、灰头土脸的“黄脸婆”，永远不是女人们顶礼膜拜的对象。

女人，还是得有女人味，无论何时何地，无论贫穷还是富有，“女为悦己者容”这句话永远不变。爱美是女人的天性，作为女人，有必要让自己变得漂亮。不管是取悦别人，还是愉悦自己，归根到底，无非是为了让自己增添一些女人味，从而迎接更好地生活。

## 2 善用你的红颜资本

虽说占有男人的心是一件很奇妙的事情，但是你不得不承认的是，你所具备的某种资本经常会左右男人对你的态度。比如，你的出众相貌、你的得体着装、你的飘逸长发、你身上的迷人香水味、你的温柔贤惠、你的善解人意，等等。对女人来说，如果想获得男人的宠爱，获得完美的爱情，就必须知道自己有哪些红颜资本，同时还要善于运用自己的红颜资本，这样才能最大限度地占有男人的心。

提到“红颜资本”这个字眼，也许有些女人觉得不齿，认为女人就应该好好等待，等待那个珍惜自己的男人出现，然后享受他的宠爱，被他当成公主一样呵护，而不应该主动追求男人。这句话如果放在古代，或许有几分道理，但是在现代社会，如果你还坚持被动等待，那么你注定是要被淘汰的。

曾有一位知名学者说过这样的话：“在这个极端竞争的年代，你不但要成功，还要及时成功。如果你成功晚了，也是一种失败。”把这句话放在爱情上来就是说，女人不但要找到真爱，还要及时找到真爱，否则就是一种失败。为什么这么说呢？

要知道，对女人而言，现实尤其残酷，因为即使你美貌如花，也难以经得起岁月的摧残。你在 20 岁的时候，高傲地对别人说：“我才不主动追求自己喜爱的人，如果一个男人喜欢我，他会主动追我的。”等你到了 30 岁时，你还能这么淡定地等待吗？当你看到身边的姐妹陆陆续续找到了爱的归属，你还能做到平常心对待婚恋吗？恐怕很少有女人做得到这一点。所以，为什么不在你最阳光灿烂、最美艳动人的时候展现出自己的魅力，吸引男人的关注，从中发掘你未来的幸福伴侣呢？

如果说女人是一本书，你的内容再精彩，但是你的封面已经暗黄、褶皱了，还有几个男人愿意来翻阅呢？如此一来，你找到真爱伴侣的可能性是不是小了很多呢？到最后你的“选项”少了很多，没法再精挑细选了，于是你随便凑合了一下，找到了自己的爱情，但那也许已经不是命中最好的姻缘了。

所以说，女人如果不善于利用自己的红颜资本，在最灿烂的时候展示自己的美，那就是一种失败。在这个现实的社会，如果你因为没有资本而失败，这还情有可原，正所谓“我已经尽力而为了，虽然失败我也没有遗憾”。但是如果你有资本，却没有发现自己的资本，或者发现了自己的红颜资本，却不屑于加以利用，那就太遗憾了。

有些女人封建道德思想浓厚，她们认为主动利用自己的红颜资本去吸引男人，是轻浮和淫荡的表现。如果你也这样想，那只能说明你“太老实”了。因为首先，追求爱情是每个人的权利。男人主动追求爱情，那似乎是天经地义的，但女人主动吸引男人的关注，主动赢得男人的好感，从而赢得男人的心，不一样是理所当然的吗？当你获得了自己理想的爱情时，你还会因为当初主动追求男人而感到羞耻吗？相信聪明的女人绝对不会这样想。

那么，女人怎样利用自己的红颜资本呢？

第一，大大方方地向男人靠拢。

如果你想博得男人的青睐，不管是在事业上，还是在爱情中，你要做的就是大大方方地向男人靠拢，把目光聚集在你的理想目标上，然后捕捉他的目光。当你和对方对视时，眼神一定不要躲闪，而要大大方方，表现得很自然，只有这样你的眼神才能穿透他的心。如果你真的喜欢他，想得到他的追求，那么你不妨抛个媚眼，释放一点暧昧，向他做出暗示。如果他对你有感觉，他将会主动来追求你。

第二，善用你的外在形象资本。

众所周知，男人是视觉动物，男人喜欢美女，这是与生俱来的天性。因此，你可以通过外在的装扮来塑造自己美好的形象，比如，穿一条性感的长裙，露出你的香肩；留一头飘逸的长发，展现你的妩媚；喷一点迷人的香水，传达爱的香波，等等。你要根据目标男人的喜好打扮自己，这样你才会变得更加有吸引力。

第三，认清自己有多少红颜资本。

有些女人没有自知之明，过高地估量了自己的红颜资本。面对条件不错的男人的追求，却认为对方配不上自己，结果错失了美好的缘分。其实，女人没必要这么较真，要知道，男人也想找个条件更好的女人。所以，聪明的女人清楚自己有多少红颜资本，大概与什么样的男人匹配，能把握住机会，在高点将自己“卖出”。

## 3 风情万种，比美丽更胜一筹

有一种女人，她们有美丽的容颜，有秀挺的身姿，有飘逸的柔发，有散发的体香，有得体的着装。你可以说她们气质迷人，说她们惊艳万分，还可以说她们婀娜多姿，但是都不如用“风情万种”这个词来形容她们更贴切。为什么呢？

因为这种女人的肢体语言不会放浪形骸，但抬手低头间却能流露出十足的韵味；这种女人的眼神和姿态不会轻浮，但是一笑一颦间却又流露出让人难以形容的妩媚；这种女人哪怕只是静静地站着或坐着，也是一道亮丽的风景，一首美丽动人的诗篇。这就叫风情万种，它比美丽更胜一筹，就连女人味都比它略逊一色。

有人曾说：“风情万种的女人就像打火机，而不解风情的女人就像灭火器。”这句话对风情万种的女人是最好的赞美，风情万种的女人会点燃男人身上的激情，会让男人绽放出热情；不解风情的女人则会让男人泄气，让男人周围一团糟，那感觉简直糟糕透顶。

女人的风情万种并非做作，也并非刻意卖弄，而是自然流露。女人要知道，风情万种不是一朝一夕就具备的，而是经过天长日久的修炼才达到的。风情万种不只是外形的修炼，更是人格魅力的修炼。只有内外兼修的女人，才懂得什么时候该张扬、什么时候该收敛，无论是张扬还是收敛都那么恰到好处，不至于走火入魔让人觉得放荡、轻浮。

女人的风情万种在不同的年龄段有不同的韵味。未婚的女人有未婚女人的韵味，已婚女人有已婚女人的韵味，为人母亲的有做母亲的韵味。因此，无论你处于什么样的年龄阶段，你都可以通过内外兼修让自己变成风情万种的女人，变得从容淡定、豁达洒脱、淡泊名利、超凡脱俗。

女人要风情万种，就要把自己的性感展露出来。

性感是成熟女人的一种标志，是一种美，是女性魅力的重要指标。对女人来说，性感是挑战，也是目标，它的极致在于适度展现自己，但不张扬，有风韵但不风骚。性感的女人如果再配上性感的动作，那么绝对会让男人如痴如醉。

女人的性感绝不是丰乳肥臀，也不是极尽诱惑和勾引的媚态。聪明的女人懂得什么时候穿什么衣服，她们绝不会在酒会或者舞会上穿职业套装；绝不会穿着泳衣招摇过市；绝不会穿着西装革履在泳池边漫步。聪明的女人懂得适当地留一点、透一点，打造一个若隐若现的性感和迷人外形。

女人怎样才能表现出性感呢？美学专家告诉我们，女人要学会扬长避短地表达性感。如果你的腿太短、太粗、太细，甚至罗圈腿，就不要穿短裤、短裙；如果你的肩部太宽、太厚，或者背部皮肤不好，就别穿露背的衣服；如果你的胸部平坦，就不要把领口开得很低。

其实，性感只需要一些小小的细节，比如，上体前倾，使得丰满的胸部曲线若隐若现；用手指轻抚嘴唇或放在双唇间，让你性感得不可方物；适当地穿着丝质吊带裙在屋里走来走去，让丝质的细腻柔滑和你肌肤的光洁交相辉映。总之，你的性感要露得恰到好处，给人一种若有似无的朦胧和诱惑。

女人要风情万种，就让自己隐隐约约散发香气。

香水是神奇而美妙的液体，塑造着女人的第二种形象，是女人的必备武器。再美的女人也要经得起近距离的嗅闻，否则在男人的潜意识中是不会真正感受到你的魅力的。女人，温柔美丽也好，激情狂野也罢，总能在香水的点缀下变得更有魅力和韵味。

香水的流行一般是由设计师和销售员所创造，当某一类型品牌香水在媒体上大量曝光时，消费者往往会认为这就是一种流行，那么消费者要如何在商家所创造的流行中，选择到真正适合自己的香水呢？

著名的香水制造商夏奈尔曾说过："应该把香水洒在想让人亲吻的地方。"香水可以引起性的欲望，可以帮助女人更好地控制男人。当远处飘来女人香时，男人的嗅觉就被挑逗了，男人的感官被刺激了，这会让男人充满期待，浮想联翩。这就是香水的魅力所在。因此，女人要想变成风情万种的人，就要学会驾驭香水，懂得香水的妙用。

聪明的女人不会往身上乱喷香水，因为那样只会一团糟。不同味道的香水应该用在不同的环境和场合，这样才能让你的香味充满魅惑。

在密闭的车厢、戏院等空气不太流通的地方，忌讳使用浓烈的香水，以免刺鼻的香味影响他人。明智的话，应该使用浓度低、挥发性强的香水，让人闻到你身上的淡香就可以了；在餐厅等地方时，也非常忌讳涂浓烈的香水，因为过浓的香水会影响食物的味道，可能降低别人的食欲；在医院等地方，你的香味要让别人闻起来舒服，以免影响医生和病人的心情，或者你干脆别喷香水；在下雨的天气里，空气中比较潮湿，香水在水分重的区域难以弥散，所以，选用淡香水为宜。

香水的选择还要考虑到场合，在婚礼这种喜气洋洋的场合，香粉可以浓烈一点。如果是白天可以选择淡香水，如果是晚上可以选择浓香水；约会的时候，可以选用柑橘水果或苔类香草为原料的香水，这种香水里含有荷尔蒙成分，能使人保持兴奋；商务会谈时，要以清新淡雅的香水为宜，因为过浓的香水会使原本正式严重的会谈气氛变得更加凝重，不利于与会者轻松讨论；睡觉的时候，可以在枕头上涂一点熏衣草或玫瑰香油，这样有助于改善睡眠质量。

女人要风情万种，不妨从骨子里透露出一点妩媚。

妩媚是一种透明的、穿透力极强的光线，又是一缕毒性强烈的轻烟。"媚"里面隐藏着欣赏、取悦、痴迷等物质，会让男人欲罢不能。对聪明的女人来说，妩媚的近义词是温柔，而不是妖媚。尤其是在丈夫面前，聪明的女人总能表现出令丈夫怦然心动的妩媚。

怎样表现女人的妩媚呢？你可以抛个媚眼，笑中带着一点羞怯，用无声的语言牵动男人的心。无论你的媚眼是忧郁的、迷惘的、缥缈的、懒洋洋的、天真带笑的或眼中藏着火焰的，只要神韵所及之处，男人都会接收到你释放出的信号。你还可以在不经意间流露出慵懒状，旁若无人地伸一个懒腰，就像一个刚睡醒的朦胧女子那样，显露出性感。你还可以压低声音，适当地撒娇，表现自己的温柔和娇滴。

## 4 行动上的飘忽不定会让男人牵肠挂肚

蒲松龄的《聊斋》中，那些让英俊小生神魂颠倒的狐狸精可谓各有千秋，但唯一的共同点便是，她们大多行动上飘忽不定，让男人牵肠挂肚；当然，好妻子的形象也是有的，比如小时候看过的"田螺姑娘"，虽然每日都会给年轻的农夫做饭、洗衣，但向来不露身影，农夫为此夜不能寐，整日想一探究竟，假如换作一个普通的主妇每日在家，男人还会如此心动吗？

莉亚是个典型的小女人，按说哪里都好，就是喜欢和老公黏在一起。

因此，莉亚老公的朋友总是说："这还没怎么着呢，就有了小跟班了啊，这以后要发达了，还指不定什么样呢？"每每听到这样的嘲讽，莉亚的老公心里就不是滋味，回去总要和莉亚吵上一架。

的确，正是因为女人的若即若离，才让男人兴致盎然。有这么一种扑朔迷离的女人，对追求者始终若即若离，你离她远的时候，她热情招手，你靠她近一点，她又往后退两步，永远在男人面前垂着一根看得见却吃不到的胡萝卜。这样的女性对男性心理有深刻了解：越是闻得见却碰不到的女人越有魅力。所以，行动上飘忽不定的女人总是像有种魔力一般，不用费什么力气，便能让男人追随你到海角天涯。

蒙娜的老公侯爵，绝对是个标准的帅小伙，当初第一次见面，两人便有了好感，于是互留了电话。侯爵以为这个女人一定能被自己拿下，可后来当他打电话给蒙娜，说要一起看电影时，却遭到了拒绝，蒙娜谎称自己正在外地。

这让侯爵有些不知所措，她真的出差了吗？还是委婉地拒绝了自己呢？这些想法让他对这个女人有了追逐的欲望。其实，这时的蒙娜正在自己的办公室里偷着乐，她可不想让对方看出自己第一次见面就对他有了好感。后来，侯爵再一次主动联系了蒙娜，两人火速发展，几乎每个周末都要在一起度过。

一次吃饭时，蒙娜看到男友不停地接电话，并且对周围的顾客和餐厅装饰的兴趣似乎比对自己更大。于是到了第二周，当男友打电话问她周末的安排时，她便说因为一些工作上的事情，周末无法和他共度了。就这样过了一周，侯爵为了能够顺利约会，早早预定了饭店和鲜花，还为蒙娜准备了礼物，也正是这次，侯爵正式向蒙娜求了婚。

所以，女人想要得到男人的心，较上乘的方法是若即若离，让他如雾里看花、求而不得。当一个男人为一个女人着迷时，不管她是不是拥有沉鱼落雁的美貌，在他眼里，她都一样是闭月羞花。于是，就会产生这样一个连环怪圈，男人见缝插针费尽心机地追，女人毫不领情，左躲右闪，男人就会觉得这女人像百慕大一样充满神秘感，总想解开其中之奥秘。

做个在爱情中“似仙”的女子吧，即使结了婚，也别和你的男人天天黏在一起，偶尔和朋友出去游玩一回，让他为你牵肠挂肚；不时地拒绝他一次，让他因此朝思暮想，这样的女人才能真正抓住男人的心，才能得到想要的幸福。

## 5 深藏不露的女人才让男人浮想联翩

如今时尚点儿的女人对于“内衣外穿”和“透视装”这两个新名词应该并不陌生，透视装与内衣外穿风格有接近之处，都是很薄很透的面料造成内衣春光乍现的效果，在视觉上没有太大差别，但前者往往更富挑逗性。在西方人的观念中，半遮半掩的露一直要比袒露来得性感。

当然，我们所要说的可不是衣服，女人和衣服总是有着微妙的关联。衣服不能穿得过于暴露，女人也不能做得让男人一眼看穿。聪明的女人总是会把自己对男人的爱加层纱，让他们看得到，却捉摸不透，这样的女人才会让男人浮想联翩。

在爱情中，做个有所保留的女人吧，不是自私，而是智慧。有些女人一旦认定了这个男人，便会把自己如竹筒倒豆般和盘托出，这种傻女人做不得。聪明的女人懂得什么该让他知道、什么不让他知道：

1. “现在的你是我的唯一”该让他知道；曾经的情史应闭口不谈。

有些男人占有欲很强，他的爱中包含着一定的占有欲，不但要占有你的今天，还想占有你的昨天。他认为只知道现在而不知道过去，不是真正的占有。有时候，你的“坦白从宽”不仅未换来他的彻底放心，反倒让他“疑心生暗鬼”，对你的过去更加穷追不舍。

2.“我爱你”，该让他知道；“我有多爱你”，嘘！这是个秘密。

男人一旦知道你已经彻底归顺他了，就会停下追逐的步伐，慢慢地，他就会对你不上心，乃至越来越冷淡。如果男人问你喜不喜欢他，你就装傻充愣，甚至顾左右而言他；另外，女人每天尽量只打一个电话，不要长篇累牍地东拉西扯，在男人意犹未尽时，你要先挂断它，保持适度的神秘感，让他抓耳挠腮，不得要领。

3.“我想和你过一辈子”，该让他知道；让我们成天厮守在一起，我做不到。

很多女人恋爱时想和男友天天腻在一起，这时的男人想法也是如此，但如果结婚后女人还是这样想，恨不得辞掉自己的工作到老公的公司里去，那你们的婚姻就离解体不远了。给爱情一点氧气，它才能好好地成活。

4.“我很在意你对别的女人好”，该让他知道；我心中的怒火，自己平息。

在他面前，偶尔吃醋，适当流泪，多微笑，多撒娇，有时候跟单田芳、刘兰芳这些老评书艺术家学学，偶尔卖卖关子会让你的魅力有增无减。

如果女人做到了以上几点，那可以肯定，你的男人已经对你垂涎欲滴了。在恋爱和婚姻中，女人越是神秘，男人就越是对你着迷，面对谜一样的女人，男人总会猜想她此刻在想什么，下一刻会做什么；这个女人不在的时候，他又会猜测她此刻在哪里，又在做些什么。请记住，男人很多时候都像一个好奇心十足的孩子，对猜谜揭秘那些事乐此不疲。

所以，穿着“透视装”的女人，一定比那些“内衣外穿”的女人更具诱惑力。到底选哪件衣服来穿，女人们自己决定吧！

## 6 若即若离，让男人永远兴致盎然

爱情是一个磁场，而不是一根绳子，当女人试图用绳子捆住男人，以免男人变心时，男人就会产生挣脱绳子的欲望；如果女人对男人若即若离、忽冷忽热，给男人一个自由的假象，那么女人会成为永恒的诱惑。

然而，生活中，很多女人总喜欢约束着身边的男人，总喜欢黏着身边的男人，总觉得相爱了就是完全拥有对方。其实，这是一个非常错误的想法。因为每个人都是一个独立的个体，男人不完全属于女人，女人也不完全属于男人，即使你们结婚了，那也不意味着你可以任意支配男人，控制男人的自由。

婚恋专家说过，爱情不应该成为牢笼，而应该成为新鲜的空气，自由的天空。即使结婚了，男人也应该有自己的交际圈，人际交往不能因为恋爱和婚姻关系的建立而终止。正如有人说的那样："恋爱就像放风筝，拉得太紧，风筝就会掉到地上；拉得太松，风筝就会飞走。"因此女人应该做到收放自如，张弛有度。如此，才能占有男人的心。

刘彤和男友是在北京工作时认识的，两人在一起两年了，初恋时的激情早已归于平淡。有时为了一点琐事，两人互不相让，争吵不断。偶然间，刘彤发现男友的手机里有陌生女孩的短信，内容有些暧昧。她质问男友和那些女人是什么关系，男友却说是普通朋友，偶尔开个玩笑罢了。刘彤不相信，和男友大吵了一架，然后甩门而去。刘彤心想，或许分手是最终的结局。

当刘彤把自己的境遇告诉闺蜜时，女友劝说道："不要轻易分手，毕竟你们相爱了这么久，而且现在你也不能证明他内心没有你。我给你出个主意吧，要不你跟他玩失踪的游戏，看他有什么反应，看他能否意识到你的重要。”

刘彤觉得闺蜜的建议有道理，就照做了，于是，她向公司请了一个星期的假，然后独自一人去泰山旅游。闺蜜还劝她把手机关机，彻底地从男友的生活里消失。

第一天的下午，男友习惯性地在家等刘彤回来。可是直到晚上 8 点，还没见刘彤的人影，男友开始着急了。因为以往刘彤有什么事情晚回来，都会打电话告诉他的，可是今天既看不到她的人影，也没有接到她的电话。于是他给刘彤打电话，但是发现刘彤关机了。他想也许女朋友和朋友逛商场去了，但是再一想，逛商场也没必要关机啊，于是他又安慰自己：可能女友的手机没电了。

一夜过去了，刘彤像是人间蒸发了一样，既没有回来，也没有电话或短信。男友非常不安，他打电话给刘彤的同事，得知刘彤请了几天假，但是同事并不知道刘彤去了哪里。男友有些慌了，他开始逐个给刘彤的闺蜜打电话，焦急地询问情况：“你知道刘彤在哪里吗？我找不到她很着急啊！”

刘彤的闺蜜说：“你别开玩笑了，你把她藏起来了，还找我要人啊，我怎么知道啊？”这一下，男友快要疯了，他开始疯狂地找，但就是找不到。

第二天晚上，男友呆呆地坐在沙发上，回想起刘彤调皮可爱的样子，心里很不是滋味。第三天晚上，男友不停地拨打刘彤的手机，到了晚上 12 点时，终于通了。在电话中，他哭着询问刘彤在哪里，刘彤在电话的那头也忍不住哭了……

从这件事之后，男友有了很大的变化，他不再忽视刘彤的感受，不再和别的女孩搞暧昧，他知道真爱需要珍惜。刘彤也有了很大的变化，她不再整天黏着男友，不再翻看男友的手机，不再随时查岗，而是刻意保持若即若离的状态，偶尔忽视男友一下，偶尔玩玩消失，她发现这样男友反而更加在意她。

当女人对男人若即若离、忽冷忽热时，会让男人搞不懂你的真实想法，这对男人来说有很大的诱惑力和征服欲。比如，刚才你还和自己的男人热吻，过一会儿你就狠狠地掐他一下。他肯定会笑着对你说：“你真是母老虎。”言语之中，没有一丝怨言，而是充满温情。

婚恋专家说过：“女人要懂得忽紧忽松地抓住男人，和男人的距离也要永远保持若即若离，否则适得其反。”因此，学会时而和男人亲近，时而和男人保持距离，甚至可以像刘彤那样突然“失踪”，以此制造神秘感，即可考验男人是否在意你，也能让你们的感情保鲜。但要具体怎么做，你可以参考以下建议：

第 1 招：适当拖延，不要立即回复

无论是在恋爱中，还是在婚姻生活中，对于男人的短信或电话，不要每次都立即回复。

作家雪莉·阿格在她的《男人恋上聪明女人》一书中说：“有时可以让电话答录机或者手机的语音箱来回应。这会让他意识到你是一个值得等待和花心思的女人，所以，让他为揣测你在做什么而绞尽脑汁吧。”这一招可以轻松测出男人对你的用心程度。

第 2 招：懂得拒绝，不要一味答应

当男人邀请你约会，请你吃饭，表示送礼物给你时，记得不要一味答应，而要适当地拒绝，甚至可以对他说：“我已经答应了另外一个约会，不能再答应你了。”这样一来，你的拒绝就会压抑男人对你的爱，他会变得心神不宁，他以为你不在乎他，于是他就会更加热烈地表达对你的爱。反之，如果你每次都顺从男人的意思，男人对你的兴趣就很容易变为平淡。总之，你不要让男人感觉你很容易追到手。

第 3 招：保持独立，不要让男人主宰

当你和某个男人开始恋爱时，不要让他觉得你的心已经被他牢牢占据，而要让他认识到你和他交往，只不过是一件平常的事情。这样做的目的是为了向他表明，他并没有掌控你的关系，你依然属于自己，你依然是独立主宰自己命运的人。为了更好地实施这个战略，你可以拒绝他的一些邀请，然后在他的追问下，你故作神秘又轻描淡写地告诉他你最近的安排。

若即若离的、不紧不慢的你会给他造成心理压力，他明白必须马上行动才能把握住你，否则，你很有可能就和他说“bye bye”了。记住，即使你非常喜欢他，也不要丧失自己的独立空间，也不要被他主宰。这样男人才会迷恋你。

第4招：当着你男人的面，和别的男人攀谈

为什么要这样做呢？目的很简单，就是激发男人的醋意。女人千万不要以为只有女人才吃醋，其实男人一样容易吃醋，只是很多时候，女人没有给男人吃醋的机会而已。比如，你可以当着男朋友或老公的面，和别的男人谈笑风生，男人见到你这样，一定会马上紧张起来，以为自己的魅力不及那个男人，他甚至会想尽办法把你的注意力吸引到自己的身上。这样一来，他就被你掌控了。

## 7 过度地迎合男人是不幸的开始

爱一个人就要为他付出一切吗？结婚了，就要任劳任怨、一味顺从丈夫吗？你为了怕失去爱情而迎合男人吗？你害怕孤独，所以委曲求全地不想分手吗？你在爱情和婚姻中有自己的主见吗？对于这样的问题，如果你的回答是肯定的，那么你将有一个不幸的爱情婚姻，你将由此失去自己，失去你内心所渴望的快乐。

现实中，不少女人一经恋爱、结婚，就会自然而然地成为男人的绝对拥护者，男人说一，她从来不二；男人要求她辞掉工作，在家做全职太太，她会顺从；男人说“我要喝酒，你给我买瓶酒去”，她会选择服从；男人说“我打麻将的时候别吵我”，她会选择听从……女人天真地以为迎合男人就是爱男人，以为迎合男人，男人会更爱自己，结果呢？女人会因此失去了自我，失去了男人的爱，变得越来越不幸。下面这个故事就是典型的因为过度迎合男人造成的婚姻不幸。

赵女士对生活的要求不高，结婚之后，只想相夫教子，经营好家庭和婚姻。然而，她这老老实实的付出，却没有换来想要的幸福。这到底是怎么回事呢？原来，赵女士太老实了，太顺从丈夫了，没有自己的主见。

赵女士的丈夫是她的初恋，从谈恋爱到结婚，她一直迁就丈夫。丈夫是个大男子主义者，他说的话有一种叫人不能反抗、永远都是“他对你错”的气焰。赵女士有自己的想法不敢表达，因为只要表达，丈夫就会有一万个理由把她驳倒。于是，她乖乖地把内心细腻的感受和对丈夫的一些情感需求收藏起来。她想：反正丈夫要求的我能做到，迎合他也是我的成就，这是爱的表现。

渐渐地，赵女士养成了迎合丈夫的习惯，无法戒掉。丈夫不喜欢她的工作，于是她就不工作了，在家带孩子；丈夫不喜欢她见朋友，于是她就一个朋友都不见，为此她渐渐失去了一切朋友；丈夫不喜欢她上网，怕她上网学坏，于是她就不上网；丈夫脾气很坏，一旦工作上有不愉快，回来后就拿她身体发泄，强暴地脱下她的衣服，她居然没有一丝反抗……

对于这些不如意的事情，赵女士感到内心充满抑郁。因为积怨太深，赵女士想和丈夫交流一下，可是丈夫却认为她没事找事，把她大骂一顿。久而久之，赵女士无法忍受丈夫的粗鲁和暴力，她想离婚，想逃离苦海。

但是由于有孩子的牵绊，又加上内心的不舍，害怕离婚之后孤单，于是她就这样一直委曲求全地将就着。

在家里，赵女士不但迎合丈夫，还迎合公公婆婆，以为这样做就能让他们满意。但是她得到的全是失望，她的内心充满了伤痛，却无人诉说。她感觉生活在炼狱里，感受不到一点快乐和幸福。

我们不否认恋爱、婚姻生活中需要迁就和妥协，但是这种迁就和妥协是相互的，也是有尺度的。对于原则性的问题，女人应该有自己的主见和观点；对于男人频繁的要求，女人应该有选择地说“不”。千万不要认为爱男人就要迁就他，就要为他改变，这是极其老实而愚蠢的想法。这种想法给女人带来的除了不幸，还是不幸。

在上面的案例中，赵女士的痛苦似乎是注定的。因为她太过于迎合老公，由此她失去了工作，失去了经济的独立，失去了朋友，失去了娱乐的方式（上网）。当然，最根本的是她失去了一个女人应有的尊严，失去了丈夫的关心、体贴和爱护。对女人而言，还有什么比这更可悲的吗？

所以，女人千万不要太老实，不要为了男人而活，而要为自己而活，要活出自己的本色，这才是对自己生命的最大尊重。一个女人只有先尊重自己，才有可能被男人尊重，被男人重视。相信这句话，勇敢地对男人不合理的要求说“不”，而且要大声地说出来，义正词严地捍卫自己的尊严，做一个坚强勇敢、自尊自爱的女人。

## 8 美貌让男人停下，智慧让男人留下

你的相貌出众吗？你曾经为自己没有骄人的美貌而自卑过吗？你认为世界上的男人都喜欢美女是吗？如果你是这样想的，那么你就错了。

因为女人的美貌虽然可以吸引更多男人的关注，但那只是短暂的。要想男人永远留下，女人必须有征服男人的智慧，这才是长久的。

作为女人，如果你想让男人对你死心塌地，真心真意陪伴你一生，那么你就必须有独特的魅力和内涵。就像战国时期的钟离春那样，虽然她是众人公认的“丑女”，但是她却被齐宣王娶回去并封为王后。这并不是因为齐宣王天生爱丑女，而是因为钟离春是一个有内涵、有魅力的女人，是齐宣王的贤内助，因为有她的辅佐齐宣王的事业才会蒸蒸日上。

钟离春的受宠告诉女人一个道理：只有有智慧的女人，才能让男人终身留下；只有有智慧的女人，才能受到男人的重视，被男人视为心肝宝贝，一生一世疼爱。

不知道你是否听过《一千零一夜》的故事：

每个女人都想成为国王的女人，都想有机会和国王共度一晚。但是哪怕再国色天香的女人，国王都会心生厌倦，然后被毫不吝惜地杀掉。无数的美女都成了刀下鬼，只有一个特别的女人幸免。这个女人每天晚上给国王讲一个故事，听得国王乐此不疲。讲到一千零一夜时，国王终于意识到这个女人是自己的终身伴侣，于是娶了这个女人。

这个故事告诉我们两点：第一，喜新厌旧是男人的本性，再美貌的女人，男人也会有审美疲劳的时候。因此，男人和你风流快活的时候是一回事，是否愿意娶你，娶你之后是否用心对你，又是另外一回事；第二，女人要想长久地吸引男人，永远留住男人，靠的不是美貌，而是智慧。因为美貌的女人只能让男人风光一时，但智慧的女人会让男人快乐一世。

女人要认识到，男人是视觉动物，男人喜欢关注美女，也容易被美女吸引甚至诱惑，但那只是一时的。任何一个女人都不要指望用自己的美貌诱惑一个男人一世，因为美貌是会随时间流逝的。

女人还要认识到，男人娶老婆，看重的是女人给自己的感觉，看重的是这个女人能否让自己感到舒服。因此，如果女人只有视觉上的耀眼，却没有感觉上的愉悦，男人是不会为女人停留的。

用一个形象的比喻来说，漂亮的女人就像街头的广告牌，看起来很耀眼，但仅仅用于欣赏。而智慧的女人则像贴心的小棉袄、温暖的被窝、安稳的房子。因此，任何一个理智的男人，都会为有智慧的女人而停留，对于漂亮但无智慧的女人他们至多选择“短线交易”，而不会做“长线投资”。当然，如果你既美貌如花，又智慧过人，那就再好不过了。

生活中，不少结了婚的女人总是抱怨男人这不好、那不好，指责男人见异思迁，感叹男人不像恋爱时那么爱自己。不可否认有男人的不对，但作为女人，她们也应该扪心自问：我除了年轻貌美这个外形之外，是否还有丰富的内在呢？我是否是一个体贴、温柔的妻子呢？我是否有让老公欣赏的地方呢？

女人要明白，如果你想成为男人的心上人，就要不断增加自己的吸引力，努力发挥自己的个性优点，收起那些招人烦的缺点，让自己看上去尽可能地完美，尽可能让男人感受到你身上那股独特的魅力。

那么，从单身到已婚这整个过程中，女人该怎么做才能表现出智慧和魅力，永远地留住男人的心呢？下面有一些非常实用的智慧法则，值得你借鉴：

智慧法则 1：不要过于在意男人对你外在的评价

有个女人相貌姣好，她特别在意男人对自己外在的评价，为此，她在穿着打扮方面投入了大量的金钱，但却过着入不敷出的生活。有时候为了买一套化妆品，她宁愿吃上一个星期的方便面。在公司里，任何一个男人，只要稍微对她冷淡一点，她就马上察觉到了。在饭桌上，男人夸她几句，她就能笑得前仰后合。在女人面前，她极富攻击性，因此，女人缘特别糟糕。

就是这样一个女人，虽然外表光鲜，也吸引过不少男人的关注，交过不错的男朋友，但是和她交往的男人几乎都是冲着她的美貌去的。玩腻了、玩累了，就拍屁股走人。而这个傻女人压根儿就不知道自己为什么被抛弃，以为自己的外表不够好，却不知是自己内心贫乏。

作为女人，真的没必要过于在意男人对你外在的评价。你应该快乐地做自己，在男人欣赏你外貌的同时，你尽可能地展现出内在的魅力和智慧，只有这样你才能寻觅到真正珍惜你的男人。

智慧法则2：守住最后的防线并适度保持神秘感

男人是冲动的动物，恋爱时会挖空心思表现得浪漫、阔绰，如果你在他的花言巧语和鲜花礼物的追求下昏了头，你就可能失去自己。所以，女人一定要守住最后的防线，不要让男人轻易得到自己。因为太容易得到的东西，男人是不会用心去珍惜的。另外，女人还要保持神秘感，对男人若即若离，让男人销魂荡魄，这样你才具有神奇的吸引力。

智慧法则3：请闭上女人的"刀子嘴"

有些女人在朋友、同事面前彬彬有礼，可是回到家里，卸下女人的妆容，就把骨子里的刻薄表现出来了。原本应该对男人温柔关怀，但女人却对男人恶语相加、冷嘲热讽，什么话损人就说什么话。这种状况不仅是外人难以理解的，就连女人回想起自己对老公说的话，也常常会吃惊不已：我太冲动了，当时那样说，我是为他好，我是刀子嘴豆腐心啊！

俗话说："良言一句三冬暖，恶语伤人六月寒。"女人虽然是"豆腐心"，但是"刀子嘴"太伤人了。男人每天在外面忙碌，回到家里还要忍受语言上的攻击，真的伤不起啊！所以，聪明的女人要收起"刀子嘴"，多对男人说些体谅的话、关心的话，男人才会心怀感激和感动。

智慧法则4：给男人面子，别轻易揭他的"短"

俗话说："打人不打脸，骂人不揭短。"夫妻相处，难免会开玩笑或争吵，但无论如何，都不要轻易在众人面前揭男人的"短"。女人要懂得维护男人的面子，男人有不对的地方，女人可以在私下里提醒她，而在众人面前，要给足男人面子，这样男人活得才有尊严。

智慧法则5：做一个善解人意的女人

无论你的相貌是否美丽，都要努力做一个善解人意的女人。因为最让男人痴心的，绝对是很懂男人的女人，没有哪个男人会抗拒女人的善解人意。女人善解人意，会让男人活得轻松，会让男人越来越体贴，会让男人越来越依恋女人。比如，当男人心情不好时，女人要主动倾听、开导、安慰男人；当男人遭遇挫折时，要记得给男人鼓励；当男人遇到困难时，要努力做男人的支持者。这样的女人就像一片静静的港湾，可以让男人永远停靠。